JN176058

宇宙女子

加藤シルビア
黒田有彩

発行 集英社インターナショナル　発売 集英社

宇宙女子

もくじ

まえがき

番組のオーディションなどで質疑応答をしているとき、物理学科出身ですと言うと、「え!? せっかく大学に行って物理を学んだのに、君はこんなところにいていいの?」と言われることがよくあります。

「『物理』と『芸能界』、結びつかないんだよなぁ」

「大学で物理学ぶ人って、研究者とか教師になるんじゃないの?」

好きでやりたいことを追っていたらこの2つを選んでいたのですが、多くの人にとって「物理学」と「芸能界」、この両者は交わりもなく平行でもなく、〃ねじれの関係〃なんだと思います。

もっというと、同じ空間にすら存在しない、完全に異次元のものなのかもしれません。いつか、私の人生でもって、「物理学と芸能界の大統一理論」を構築するのがいまの野望です。

この本では、みなさんが抱く物理と宇宙のイメージを、もう少しカジュアルにできたらなと思ってお話しさせていただきました。物理も宇宙も、ある特定の人にしか理解できない難解な世界が確かにあります。ですが、興味の入り口はそこらへんに転がっていて、眉間にシワをよせなくてもいい、楽しくてワクワクするものなのです。そして学べば学ぶほどシンプルで美しく、感動するものなのです。

今回、本を作り上げるために、シルビアさんと長い時間対談させていただきました。私が入学したときから美人で有名だったシルビアさん。学校ですれ違うと、私も同級生も「あ、シルビアさんだよ」と目で追っていました。

そんな憧れのシルビアさんは、考え方が現実的で建設的で、物理の式も定理も、きちんと自分の中に落とし込んでいるんですよね。最小作用の定理や $E = mc^2$ の話のときに、その〝シルビアさん節〟が出てくるのですが、これらは物理を知らない文系の人にも楽しんでもらえるようなお話になっています。

「物理を実感することは、物理が楽しくなる第一歩！」

シルビアさんに教えていただきました。

私が高校で理系を選んだ頃は、まだ「リケジョ」という言葉はなく、そのときはまさか自分がリケジョのひとりとしてこんなふうに本を出させていただくことになるとは思ってもいませんでした。私なんてまわりの優秀なリケジョの方と比べると、リケジョの端くれにもなりません。

だからこそ、この本を気軽に手にしていただければなあと思います。ああ、なんか普通っぽいけどこの人もリケジョなんだ、と。進路に悩んでいる中高生、物理を教える先生方、文系夫婦の親御さん、リケジョの彼女を持つ彼氏さん……いろいろな方に読んでいただけたらうれしいです。

ステキな一冊になりました。『宇宙女子』に携わってくださったみなさま、そして日々私を見守ってくださるすべてのみなさまに、この場を借りて感謝の気持ちをお伝えしたいと思います。

２０１５年１月　　黒田有彩

第1章

私たちが「理系女子」になった理由

アンパンマンのパンチ力はマイク・タイソンの200倍!?

黒田 先輩、お久しぶりです！

加藤 私が4年生のときに1年生だったのよね？

黒田 はい。テニスサークルの勧誘で声をかけていただいたのを覚えてます。結局、そのサークルには入らなかったんですけど（笑）。

加藤 そうだったんだ。お互い、いまは物理学とはほとんど関係ない世界で仕事をしてるわけだけど、黒田さんはNHKの『高校講座 物理基礎』*に出演してますよね？ あれはやっぱり、女子大の物理学科を出てるから声がかかったの？

黒田 どうやらディレクターさんが「物理 アイドル」でネット検索して、私を見つけたらしいです（笑）。お話をいただいたときは、ものすごくうれしかったですね。というのも、こういう仕事をしてると、「なんで物理学科を出たのに芸能人やってるの？」なんて聞かれることがよくあるんですよ。

加藤 うん、それは私も同じ。理系出身のアナウンサーは不思議がられる。

黒田 ですよね。でも私にとっては、物理も芸能界の仕事も大切なもの。どちらも自分らし

*『高校講座』
NHK教育テレビジョン（NHK Eテレ）およびNHKラジオ第2放送で放送されている高校生向けの講座。国語、数学、英語、美術など高校教育課程の科目が網羅されている。黒田さん担当の『物理基礎』は2016年3月まで放送予定です。ぜひご視聴ください！

『それいけ！アンパンマン』
やなせたかし（1919〜2013）作の絵本シ

さだと思っているので、「物理学科を出たからこその仕事」をしたかったんです。いつかは絶対に芸能人として宇宙に行きたいと思っていますし。だから『高校講座』のお話は「そうそう、これこれ！　待ってました！」という感じでした。やっと自分が勉強してきたことを仕事で活かせる機会をいただきましたね。

加藤　それまでも物理関係のお仕事はあったんでしょ？

黒田　はい、たとえばバラエティ番組で「アンパンマン*のパンチ力を計算してみる」みたいなことはやりました。

加藤　アンパンマン？

黒田　ばいきんまんがアンパンマンに吹っ飛ばされると、数秒後にキラリン！って星になるじゃないですか。あれが空気の摩擦によって燃え尽きたのだと仮定すると、どれぐらいの初速でどの角度に飛ばせばそうなるのか――という話。

加藤　それ、けっこう大変な計算だよね。

黒田　当時はまだ大学生だったので、研究室のポスドク*（博士研究員）の人にも助けてもらっちゃいました（笑）。すごく長い計算をした結果、結論としてはマイク・タイソンのパンチの200倍ぐらいでしたね。

加藤　200倍！　さすがアンパンマンだわ。

リーズが原作のアニメ作品。おなかを空かせた子どもたちに自分の顔（あんパン）を分け与えるアンパンマンという斬新なヒーロー像は、作者の従軍体験から生まれたという。そんなヒーローに対して「出たな！お邪魔虫！」と言い放つ、いたずら大好きばいきんまんもまた、多くの子どもの心をつかんだ。1988年より日本テレビで放送中。2009年8月には放送回数1000回を達成した。

ポスドク
博士号を取得後、常勤ではなく任期制の職に就く研究者のこと。若手研究者の多くはこの状態を経て常勤の研究者になる。「高学歴ワーキングプア」との関連で語られることもある。postdoctoral（博士号取得後の研究者）から。

黒田 そういう空想科学みたいな話って、ふだん物理に興味を持っていない人たちにとっての入り口にはなりますよね。だから、それはそれで大切だと思うんです。理科の楽しさを伝えるためには。ただ私としては、それだけではちょっと物足りないんですよ。だって、「ふつうに物理の話をしてもつまらない」という前提があるから、そういう企画になるわけですよね？　でも本当は、アンパンマンを持ち出さなくても、物理ってそのままで十分に面白いじゃないですか。

「わからないのに誇らしげ」な人々

加藤 私たちにとっては、そうだよね。でもテレビでは、そのまま伝えてもなかなかわかってもらえないから、面白おかしく演出しなきゃならない。

黒田 その点、NHKの『高校講座』は真正面から物理の楽しさを伝えられるので、本当にやりがいのある仕事です。そういえば、シルビアさんも、2012年にスイスのCERN（セルン）でヒッグス粒子*と思われる物質が発見されたときは、ものすごくうれしそうにニュースを伝えてましたよね。

加藤 あのとき初めて「加藤シルビアアナは物理学科出身なのか！」と知った視聴者の方も

ヒッグス粒子
イギリスの理論物理学者ピーター・ヒッグスが存在を予言した素粒子。標準模型が原理として用いているゲージ場理論がなりたつにはすべての素粒子の質量はゼロでなくてはならない。しかし多くの素粒子は質量を持っているため、ヒッグスは「真空を満たしているヒッグス粒子の場が多くの素粒子に質量を与えた」とした。ヒッグス粒子の存在が証明されれば、物質が質量を持つメカニズムの解明に向けて前進することになる。

CERN
欧州原子核研究機構。スイス・ジュネーブ郊外、フランスとの国境にある世界最大規模の素粒子物理学の研究機関。円で囲まれた部分の地下に、世界最大の衝突型円形加速器「LHC」がある。全周は約27キロ。写真中に見えるCMS、LHCb、ATLAS、ALICEは、実験施設の名称で、日本はATLASを中心に参加している。名称は機構の開設準備のために設けられた組織Conseil Européen pour la Recherche Nucléaireというフランス語の頭文字に由来。（写真：CERN）

多いかもしれませんね。

黒田 淡々とニュースを読まれるとあの発見のすごさが伝わらないけど、ああやって興奮気味に話してくれると、意味はよくわからなくても、「ものすごい大発見なんだな」ということは多くの人にわかってもらえるんじゃないかな。

加藤 もちろん私だって、しょせんは学部卒レベルだから、ヒッグス粒子についてそんなに深いところまでは理解してないですよ。でも、それを見つけるために多くの物理学者が何十年も苦労してきたことは知ってるし、これが発見されることで素粒子物理学や宇宙論の研究が大きく前進することはわかります。興奮しちゃうよね。

黒田 私も詳しくはないですけど、物質を構成する素粒子に質量を与えるメカニズムがわかっただけでも大変なことだと思います。しかもそれで「標準模型*」と呼ばれる大きな理論体系が完成して、さらにその先の謎の解明に向かうことができる。それに、まず「ヒッグス粒子が存在するはずだ」と仮定して、矛盾がないようにつじつまを合わせていく考え方だったらしいんですよ。だから、「本当に自然界がこんな仕組みになってるのか？」と疑う人も大勢いたと聞きます。でもそれが正しい可能性が高くなったので、その道の専門家ほど「すごい！」と感動したそうです。

加藤 まさに物理学の威力ですよねー。だから私も本当にすごいと思ってキャーキャー騒い

標準模型（標準理論） 物質を構成する素粒子と素粒子間に働く4つの力（重力・電磁気力・弱い力・強い力）のうち重力を除く3つを説明する理論。「強い力」を扱う量子色力学、「弱い力」と「電磁気力」を統一するワインバーグ・サラム理論（電弱統一理論）を柱としており、現在、素粒子物理学で広く受け入れられている。

でいたら、いつもは担当しないコーナーなのに、『朝ズバッ！』で特別にそのニュースをやらせてくれたんですよ。「もう、どうしてみんなこの発見のすごさがわからないの!?」っていう気分だったから、ついテンション高くなっちゃったけど（笑）。

黒田 その気持ち、よくわかります〜。私も、まわりの人たちに宇宙や物理の話をすると、「おまえ、何言ってんのかわかんないよ」と言われるんです。でもそのとき悲しいのは、面白さをわかってもらえないことより、最初からわかることを放棄してて、それでいて偉そうにする姿勢。

加藤 そうだね。わからないのに、なぜか誇らしげ（笑）。「そんなの、いくら聞いても理解できないよ」と言う人、けっこういるよね。サイエンスに対する敬意があんまり感じられないなぁ。

黒田 ヒッグス粒子にしても、「そんなの見つけたからって、何の役に立つんだよ」と言う人が多いじゃないですか。でも、たとえば19世紀に電子や電磁波*を発見した科学者たちも、そのときは「こんなものは何の役にも立たない」と言われたんですよね。でも科学的には大きな意義があったし、いまではそれがものすごく役に立っているのは言うまでもないですよね。電子や電磁波がなければ、私たちの生活は成り立たないぐらい。

加藤 うん、みんな恩恵を受けてるんですよ。パソコンもスマホも、物理学者たちがいな

電磁波
電気と磁気の両方の性質を持つ波。周波数によって可視光（目に見える光）、X線などの放射線、紫外線、赤外線、電波などに分けられる。天文学ではX線、可視光、赤外線などさまざまな電磁波による観測が行われている。

かったら生まれてない。何の役に立つかわからない科学的な真理を追究した結果、それが後で役に立ったわけですよね。アインシュタイン*の相対性理論*だって、多くの人にとっては「わけのわからない物理の話」の典型だろうけど、あの理論がなかったらＧＰＳ（全地球測位システム）は正確に動かないんです。だから、サイエンスをリスペクトできない人は、ＧＰＳもパソコンも使わない生活を一度想像してほしい（笑）。

黒田 本当にそう思います。理系の人間を、自分たちとは別世界の理解し合えない存在みたいに思う人がいるのは、悲しいですね。

「エネルギー保存の法則」は基本中の基本

加藤 テレビ局では文系の人が多いから、理系の人との考え方の違いを痛感するときがあります。たとえば、私、自分の局のニュースを見ても、「いや重要なのはそこじゃないんじゃないか」って思うことがあるの。２０１３年の４月頃に、「水素発電」をめぐるニュースがあったんだけど……。

黒田 水素を燃料にして発電するんですね？

加藤 そう。火力発電の燃料として、石油や天然ガスの代わりに水素を使うのね。それが政

アインシュタイン
ドイツ・ウルム生まれの理論物理学者(1879～1955)。20世紀最大の物理学上の発見といわれる「相対性理論」を発表したことで知られている。画期的な理論とともにそのユニークなキャラクターで知られている。1921年に「光電効果の法則の発見」によりノーベル物理学賞を受賞。

相対性理論
20世紀初め、アインシュタインが発表した理論。「特殊相対性理論」と「一般相対性理論」があり、「時間は伸び縮みする」「重力によって時空が歪む」などの現象が起こることを明らかにした。現在ではGPS衛星の時計などでも相対性理論に基づいた補正が行われている。

府のエネルギー基本計画にも盛り込まれているという話。２０１７年には水素発電機が市場に投入されるらしいんだけど、ニュースでは、燃料の水素を海外から大量に輸入するために、圧縮して運搬する技術が開発されている……ということを伝えていたんですよ。でも私から見ると、それ以前にいろんな疑問が頭に浮かぶの。まず、どこにでもあるはずの水素をどうして輸入しなきゃいけないの？　と思うじゃないですか。

黒田 そうですよね。水を電気分解すれば、水素は手に入りますから。

加藤 でしょ？　それをわざわざ外国から輸入する必要をちゃんと説明してくれないと、意味がよくわからないかなーと。あと、水素を作り出すためにはエネルギーが必要ですよね？

黒田 はい。電気分解するんだから、水素を手に入れるためにも電気エネルギーが必要になると思います。

加藤 学校の理科の授業でも、そういう実験するよね？　水に2本の炭素棒を入れて電気を流すと、水素と酸素に分解されて気体になってポコポコ出てくるやつ。その水素を燃やして電気を作るという話だから、もし水素を取り出すエネルギーのほうが水素発電で作れるエネルギーよりも多かったら、差し引きで損しちゃうじゃない？　熱力学の第1法則*である「エネルギー保存の法則*」を考えたら、プラスマイナスゼロになっちゃうような気もす

熱力学
熱をエネルギーのひとつの形態としてとらえ、熱と力学的な仕事との関連を扱う物理学の一分野。熱力学第一法則（エネルギー保存）、第2法則（エントロピーの増大）、第3法則（絶対零度への到達不可能）から成り立っている。

エネルギー保存の法則
エネルギーがある形態から別の形態に変わっても、その前後でエネルギーの総量は常に一定で減りも増えもしないという法則。一例として、電気でモーターを作動させると、電気エネルギーが運動エネルギーや熱エネルギーに変わるが、エネルギーの総量は変わらない。

るし。そのあたりも説明してくれたら、よりいっそう「水素発電のすばらしさ」が納得できるのにって思っちゃう。

黒田 そうですよね。運搬のために圧縮するにも、何らかのエネルギーが必要ですし。

加藤 そうだよねー。そういう科学的な疑問に答えてほしいなぁ。ふつうの人にはあまり理解されないけど。

黒田 そういうときに「あいつは理系だから」と変わり者扱いされるのは、私もイヤです。社会のエネルギー問題を考えるにしても、エネルギー保存の法則は基本中の基本になるものだと思いますし。たとえばリンゴを地面に落としたとき、最初は位置エネルギーだったのが運動エネルギーになり、落ちてつぶれたときは熱エネルギーなどに変わるんだけど、エネルギーの合計は落ちる前と変わらない。そういう大前提がわかっていないと、エネルギーの話はできないですよね。

加藤 実は私、エネルギー保存の法則については、ちょっと苦い思い出があるのよ。

黒田 何ですか?

加藤 私、大学には推薦で入ったんだけど、口頭試問はあったんです。「初速度何メートル毎秒の弾丸をコルク片に打ち込んだとき、弾丸が止まるまでの力積を求めなさい」という問題を出されて、その計算はできたの。

黒田 へえ、推薦入試でもそんな問題が出るんですね。

加藤 こっちはまだ高校生なのに、目の前にズラリと物理学科の教授陣が並んでいるから、緊張するよ〜。で、その計算問題に答えた後に「弾丸の運動エネルギーは何に変わったかな？」って質問されたの。「摩擦」とか「熱」とかいろいろ答えたんだけど、「もうひとつあるよね」と言われて、それが最後まで思い出せなかったのね。だから、「こりゃ落ちたわ……」とガックリ。肩を落として教室を出るときに、やさしい先生が「音エネルギーだね」と教えてくれたんだけど（笑）。

落ち込んだときはアインシュタインの「$E=mc^2$」が勇気をくれる!?

黒田 でも合格したんだから、よかったじゃないですか。

加藤 まあねー。そんな経験があるせいか、物理現象とは関係のない人生観にまで、エネルギー保存の法則が沁み込んでいる気がする。

黒田 あ、それ、わかります！

加藤 わかるよね？　どうせエネルギーは一定で、最後にはプラスマイナスゼロで帳尻が合うんだから、仕事でも恋愛でも、悪いことがあれば良いことがあるだろうって思っちゃうの（笑）。番組の収録なんかでも、ワイワイ盛り上がるところがあれば、ちょっと引くところもないとダメだよな、とか。

黒田 そうそう。なんとなく、物事のプラスとマイナスが釣り合ってないと気持ちが悪いんですよね。

加藤 もうひとつ、アインシュタインの「特殊相対性理論」に出てくる「$E=mc^2$」も人生観に影響を与えてますね。気分が落ち込んでるときは、自分を勇気づけるのにこの式を使ってる（笑）。

黒田 それは……どういうことですか？

加藤 あの式は、質量がエネルギーに変換できることを意味してるでしょ？

黒田 はい。Eがエネルギー、mが質量、cが光速。光速は秒速約30万キロメートルというものすごく大きな値だから、ほんのちょっとの質量でも、それをエネルギーに変換すると莫大な量になるわけですよね。たとえば一円玉1個の質量をすべて電気エネルギーに変換できたとしたら、それだけで何万世帯もの1カ月分の電力になるそうです。

加藤 うん。昔は質量とエネルギーはまったく別々のものだと考えられていたのに、実はそれが本質的には同じものだったわけで、それに気づいたアインシュタイン先生は偉い！という話よね。

※エネルギーの単位はジュール（J）。1ジュールとは、物体に1ニュートン（N）の力を加えながら1m移動させた際の仕事量を指す。1ニュートンとは1kgの物体に働いて、毎秒毎秒1mの加速度を生じさせる力。
質量の単位をkg、光速度の単位をmとして、一円玉は1g（0.001kg）なので、$E=mc^2$の式に当てはめて1gの物質がすべてエネルギーに変わったとすると、以下の式のようになる。
0.001（kg）×300,000,000（m/s）×300,000,000（m/s）＝90,000,000,000,000（J）

黒田 本当に画期的な発見だと思います。

加藤 で、私という物質にも質量があるじゃない？　この質量mを、$E=mc^2$の式に当てはめたら、ものすごいエネルギーになるでしょ。そう考えると、「こんな自分にも本当はすごい価値があるはずだ」と思えるわけですよ。勝手な解釈だから、アインシュタイン先生が聞いたら怒るだろうけど。

黒田 なるほど！　でも、そうなると、体重が多いほど価値があるってことに……。

加藤 あ、そうか。まあ、それはそれで安心できるような（笑）。

黒田 私もこれから、体重が増えたら「エネルギーが増えた！」って思うことにします。

加藤 妙なこと教えちゃって、マネージャーさんに怒られそうだな。

シンプルで美しい「最小作用の原理」

黒田 体重のことはともかく（笑）、物理学の原理や法則には美しさや驚きが詰まっているから、人にいろんなことを考えさせますよね。

加藤 大学の解析力学*で習った「最小作用の原理」も感動したな。

黒田 私、解析力学は苦手だったんですよ……。

＊解析力学
ニュートンの運動法則に基づく力学を、一般

加藤 私も、ちゃんとした数式で説明しろって言われたら困るけど（笑）、自然界では作用が最小になるような運動が実現されるっていう話だよね。たとえばシャボン玉を吹くと、最初はグニャグニャといろんな形だけど、しばらくするときれいな球になる。どんな形になってもいいように思えるけど、表面積がいちばん小さくなる球になることを選ぶわけですよ。それがいちばん安定するんだよね。そうやって、いちばん合理的で効率のいいものを自然が選択するのって、美しいじゃない？

黒田 シンプルで気持ちがいいですよね。

加藤 私の場合、これも人間の世の中に当てはめて考えちゃう。きっと社会の動きにも最小作用の原理みたいなものがあって、いろいろ複雑なことはあっても、すごく広い目で見たら、最後は合理的で安定した形におさまるのかな……なんて思えるの。もちろんすべてじゃないけど。

黒田 もしかしたら、そういう感覚があるかどうかが、理系と文系の違いなのかもしれませんね。人にもよるんでしょうけど、理系のほうが物事をシンプルに考えるような気がします。

加藤 確かに。私、お茶の水女子大学の学部を卒業した後、文系の大学院に入ったんですよ。一橋大学の国際・公共政策大学院。報道やマスコミの仕事に興味があったんだけど、それ

座標を用いて記述し、微分積分などの解析学を用いて数学的に論じる力学形式。18世紀後半から19世紀にかけてラグランジュ、ハミルトン、ヤコビなどの数学者や物理学者によって発展した。解析力学の発展が量子力学に大きく寄与したといわれている。

まで新聞もあんまり読んでいなかったから、何か考えるにしても知識がない。それ以前に、漢字もちゃんと読めない（笑）。だから文系の勉強をしようと思って入ったんだけど、これは私にとって大変でしたね。

黒田 そんなに理系と違うんですか？

加藤 国際政治について勉強してたんだけど、とくにディベートが大変でした。結論に向かってシンプルに話がおさまることがまずないから。逆に話が複雑に広がるばかり。それでこそ討論のしがいがあるのだろうけど、誰と討論していても、「ひとつの結論は出るの？」って思っちゃうの。わかるかな、この感じ。

黒田 なんとなく、わかる気はします。問題をあえて複雑にしていくような感じですかね。

加藤 そうそう。物理も複雑な問題はあるけど、解き方にはシンプルなルールがあるじゃない？　だから「そうか、こうやって解けばいいんだ！」というスッキリ感が味わえるんだけど、国際政治にはそれが全然ないの。人間の世界は複雑だから、当たり前なんだけど（笑）。思考の切り替えが難しかった。

黒田 テレビの討論番組でも、いろんな賛否両論が出尽くしたところで、「真剣に考えなければいけませんね」で終わっちゃうことが多いですよね。物理学にも対立する理論はあるけど、それこそヒッグス粒子みたいに、実験で証拠が見つかればどっちが正しいかはっきりするから気持ちがいい。反対の理論を唱えていた人も、自分の考えとは逆の結果が出れば素直に受け入れる潔さがあります。

加藤　「良い悪い」や「好き嫌い」の問題じゃなくて、誰も否定できない真理ですからね。それに美しさを感じたり、感動を覚えたりするのが、理系の特徴のひとつだろうな。もちろん、文系の学問はそんなにはっきり答えを出せないのが当たり前なんだろうし、そうやって議論することにこそ意味があるんだろうけど、私には大変な作業だった。それはそれですごく勉強になったけど、ただひとつの正解はなく、討論によってより多くの見方を知るという文系の思考に切り替えて物事を考えるのに苦労しちゃった。

「理系女子」の世間的イメージと現実のギャップ

黒田　そうやって合理的にテキパキと答えを出そうとするのを見て、「理系の人は冷たい」と感じる人もいるようです。たとえばメールのやりとりにしても、理系の人って、用件を箇条書きに整理して必要なことだけ伝えたりするじゃないですか。「お忙しいところ申し訳ありませんがご検討いただければ幸いです」みたいな余計な挨拶は書かなかったり。

加藤　わかるわかる。もちろん気持ちや感情を込めなきゃいけないコミュニケーションもあるけど、仕事の打ち合わせなんかは、必要なことだけ最優先に教えてくれればいいと思っちゃいますね。丁寧に伝えようとすると、かえって何が言いたいのかわかりにくくなることもあるじゃない？　放送の台本でも、たまにそういうことがあるんですよ。いろいろ丁寧に書いてくれるのは本当にありがたいんだけど、私は「この3分間で何を伝えればいいのか、ポイントを箇条書きにしてくれたらありがたいのになぁ」って思う。それさえ明確になっていれば、そこから全体を組み立てられるから。

黒田 相手を怒らせたり傷つけたりしたくないという気持ちはわかるけど、そのためにいろんな言葉を添えているせいで、大事なポイントがボヤけちゃってる文章やメールって、たしかによくあるような気がします。

加藤 まどろっこしいんだよね。でも海外の人たちとのコミュニケーションでは、たとえ相手が文系でも、そういうまどろっこしさがないかもしれない。「余計なことは言わずに大事なことだけ伝える」という理系の合理性って、もしかしたら海外の人の合理性と似てるのかもしれないな。

黒田 理系に「わびさび」とかないですもんね（笑）。

加藤 それは一切ないですねー。たしかにさびしい面もあるけど、だから日本では理系が変わり者扱いされやすいのかもしれないな。

黒田 とくに女性は、理系というだけで、珍しい生き物でも見るような目で見られますよね。実際はそんなに変わらないのに。

加藤 そうなんだよねー。たとえば、例のSTAP細胞*が最初にニュースになったとき、小保方晴子さんが「リケジョ」として脚光を浴びましたよね？

黒田 まだいろんな問題が出る前で、STAP細胞が「ノーベル賞級の大発見」と騒がれていたときですね。

加藤 どうしてあのとき小保方さんがあんなに注目されたかというと、「意外にふつうの女子」だったからなんですよ。実験室にはムーミンがいるし、しっかりお化粧をしているし、髪の毛も時間かけてセットしてる。それが「理系女子」の一般的なイメージとはかけ離れていたから話題になったんじゃないかと思う。いくら重大な発見でも、小保方さんが世間のイメージどおりの女性研究者だったら、あんなに大騒ぎにならなかったと思いますよ。

黒田 女子大の理系学部だって、ほとんどはふつうの女子なんですけどね。

加藤 そうだよね。そりゃあ、見た目とか気にしない子もいないことはないけど、そんなの全体の1割程度です。それぐらいなら、文学部にだっているでしょう。

黒田 理系だけが特別なわけじゃないですよね。たしかに、変わった感じの人も少しはいましたけど……。

*STAP細胞
動物の分化した細胞に外部から刺激を与えるだけで、再び分化させることを可能にしたとされる細胞。IPS細胞のように遺伝子を導入せずに、弱酸性容器に短時間浸すだけという簡単な処理によって実現するとされる。2014年1月にその存在の発見が公表されたときには大ニュースとなり、発見者のひとり小保方晴子は、一躍時の人となった。しかし、数カ月後には、論文への疑義が持ち上がり、同年7月2日に論文は撤回された。刺激惹起性多能性獲得細胞(Stimulus-Triggered Acquisition of Pluripotency Cells)の略。

加藤 いたいた。私が大学に入ってビックリしたのは、「アマチュア無線で連絡取ってまーす」という同級生がいたこと（笑）。とっくに携帯電話が普及していて、私も高校生のときから持ってたような時代ですよ。でも、彼女は携帯電話は持ってないの。それなのに、無線機はバリバリに使いこなしてた。正直、「この子には勝てないなぁ……」と思いましたね（笑）。すごい学科に入っちゃったな、と。

黒田 それは文学部にはいないタイプかもしれないです（笑）。

物理学科の新入生の9割は「宇宙」を目指す

加藤 無線機の子はやっぱり優秀で、素粒子の研究室に入りましたね。私の同級生は9割ぐらいが「宇宙の研究をしたい」と言って物理学科に入ってきたんだけど、それがやれるのは宇宙論や宇宙物理学の専門家の森川雅博先生の森川研と素粒子の研究室ぐらいしかない。とくに森川研は、宇宙の始まり*とかブラックホールとか、宇宙に関してみんながいちばんロマンを感じる分野だから、競争率が高いのよね。

黒田 たしかに、最初はみんな「宇宙、宇宙」って言いますよね。私もそうですけど。

加藤 私も漠然とそう思ってたな。でも1年生の時点で、森川研は諦めちゃった。

宇宙の始まり
宇宙は138億年前、ビッグバンによって超高温・超密度の状態で誕生したと考えられている。インフレーション理論によればビッグ

黒田 どうしてですか？

加藤 学生がひとりずつ教壇に立って、与えられたテーマについて勉強したことをプレゼンテーションする授業があったんですよ。森川先生はその監修者みたいな立場でコメントするんだけど、その話があまりにも難解で。こっちはまだ1年生だから知識レベルはほぼ高校生なのに、専門的な宇宙物理学の話をバンバン紹介するのね。そこで、宇宙の話の深さに魅力を感じる子もいるけど、「なんとなくー」で宇宙やりたいって子には厳しかった。あの時点で、宇宙やりたい子が9割から3割に減ったと思う（笑）。

黒田 ああ、教室の風景が目に浮かびます（笑）。先生の授業って、学生に教えてるというより、自分がそこで研究を始めちゃうみたいな感じがありますよね。私は3年生の後期にちょっとだけ森川研でお世話になったことがあるんですけど、大変でした。

加藤 半年間のお試しのやつ？　いや、それだけでもあの研究室にいたのはすごいわ。

黒田 まさに世間の人がイメージする物理学者という感じですよね。とにかく純粋に物理学だけおやりになってきたような感じです。

加藤 それでも「師匠、ついていきます！」という子たちが、森川研で宇宙のことをやってましたね。私は最終的に量子力学を選んだけど。でも黒田さんは卒論も宇宙関係だったんですよね？

バンの直前、宇宙は急激に膨張した(インフレーション)。膨張によって温度が下がった宇宙にエネルギーが潜熱として蓄えられ、一気に解放されてビッグバンが起こったとされている。

黒田 三鷹市にある国立天文台で、宇宙から来る重力波*の研究をしました。
加藤 重力波……。その話はまた後でゆっくり聞くとして、そもそもどうして宇宙の研究をしたいと思ったんですか？
黒田 私は小さい頃から「なんでなんでマン」だったんです。親や学校の先生に、いちいち「なぜ？」「どうして？」って質問するタイプ。そういう質問って、突き詰めていくと宇宙の始まりにたどり着くじゃないですか。
加藤 まあ、宇宙が生まれてなかったら人間もいないから、「なぜ？」という質問も出てこないですよね。たとえば「どうして雨が降るの？」とか「地震はなぜ起こるの？」とか、不思議なことはたくさんあるけど、どれも宇宙がなければ起こらない。
黒田 そうなんです。でもまわりの大人に聞いても、宇宙の話になると、「どうなってるんだろうねぇ」と流されてしまうんです。高校時代に科学雑誌の『ニュートン』*なんかも読みましたけど、「宇宙が生まれる前は何があったのか」とか「宇宙に外側はあるのか」みたいな話になると、最後はどうしてもモヤッとしてしまう。だから、大学の物理学科で専門的な知識を身につければ、もっと深いところまで理解できるんじゃないかと思ったんです。その結果、「わかっていないこと」がたくさんあることがわかって、愕然（がくぜん）としましたけど（笑）。

重力波
アインシュタインによって予言された時空の波。一般相対性理論によると、重力とは時空の歪みであり、質量を持った物体が運動すると時空の歪みが波となって光速で伝わっていくという。重力波はきわめて微弱なため、超新星爆発や中性子星連星などの天体現象から発生するものでしか観測は期待できない。

『ニュートン』
1981年創刊の日本の月刊科学雑誌。読みやすい文章とわかりやすい図解が特徴。初代編集長は東京大学教授を定年退職したばかりの竹内均（1920〜2004）だった。日本における科学雑誌のパイオニア的存在。

理系は勉強したことが積み重ねで役に立つ

加藤 私は中学生の頃に「宇宙飛行士になりたい」と言ってたのは覚えてるのね。

黒田 それは私も同じです！「宇宙のことを知りたい」のと同時に、「宇宙に行きたい」という気持ちがずっとありますね。

加藤 でも私の場合、そのままダイレクトに物理学に向かったわけでもないんですよ。母がポーランド人なので、中学生の時に1年ほどポーランドで暮らしたことがあって、それからしばらくは外交官にも憧れてた。

黒田 じゃあ、文系に進む可能性もあったんですね。

加藤 でも高校2年で文系と理系に分かれるときは、あんまり迷わなかったな。

黒田 それはどうしてですか？

加藤 数学にしても物理にしても、高校で教わるのはすべて基本原理だから、勉強が無駄にならない気がしたんですよ。たとえば三角関数*や微分積分*を覚えたら、それは理系のどの分野に進んでも役に立つでしょ？

黒田 そうですね。物理でも化学でも数学は使いますよね。

三角関数
直角三角形の3辺の間に成立する三角比をひとつの角の関数と考えたもの。サイン、コサイン、タンジェント、コタンジェント、セカント、コセカントの6つを使って図形の計算を行う。高校の数学で出てきたのを覚えている人もいるかもしれない。円関数ともいう。

微分積分
古代ギリシャ時代から発展し、17世紀にニュートンとライプニッツによって確立された数学の主要部門のひとつ。微分はある量の変化を表し、積分はある量の累積を表す。自由落下など等加速度運動の場合、速度を時間で微分すると加速度、速度を時間で積分すると距離が求められる。近代では大砲の砲弾の速度や弾道曲線の計算などに使われた。

加藤 もちろん、地理や歴史みたいな文系の勉強も知識として決して無駄にはならないと思うけど、高校の教科書レベルでは基本原理から積み重ねて次の段階に進んでいく感じはあまりしないですよね。たとえば日本史にしても、すべて時間的にはつながりがあるけど、学校の試験では平安時代の知識がゼロでも、江戸時代についての試験問題には答えられる。

黒田 言われてみれば、たしかに。算数や数学はそれまでの積み重ねが大事だけど、社会はそのときの試験範囲だけ覚えれば、学校では一応なんとかなります。

加藤 理系のほうが、教わることをマスターするたびに一歩ずつ前進している感覚が個人的には得られたの。そっちのほうが自分には面白いと思えたんですよ。とくに数学は理系の世界の共通言語みたいなものだから、身につければずっと役に立つ。実はそんなに数学は得意じゃないんだけど、「いつか役に立つ」と思えばやる気も出るじゃないですか。

黒田 私もそう思います。「数学なんて何の役に立つんだ」ってよく言われますけど、数学は理系共通の、なんと言っても世界共通の言語ですよね。大学で学んでいくうちにそれを実感しました。それで、理系の中でも物理を選んだのはなぜなんですか？

加藤 最初は、あまり得意じゃないくせに数学科を受験しようかとも思ったの。でも、あまりにも数学ができなかったので、これはダメだなと。で、どんな学科を受けるにしろ、まず受験科目を選ばなきゃいけないでしょ？

黒田　ほとんどの人は、「物理・化学」の組み合わせにするか、「生物・化学」にするかで悩みますよね。

加藤　そこで私は、なんとなく「物理・化学」を選んだのね。それまで物理がとくに好きだったわけではなくて、むしろ授業は「つまんないな」と思ってたぐらいだったんだけど。

「等加速度運動」の実験はつまらない!?

黒田　え、そうなんですか!?

加藤　まず、教科書の最初のページに出てくる加速度の実験がダメだったんですよ。ボールが落下するときの加速度運動を説明するやつ。

黒田　ああ、一定の時間ごとにドットを打つ実験ですね。

加藤　そうそう、それそれ。いろんなタイプがあると思うけど、私が覚えているのは、ボールに短冊みたいな長い紙をくっつけて、坂道を転がす実験。その紙には、60分の1秒か50分の1秒ごとに機械でドットが打たれる仕組みになっているの。で、転がるボールは重力に引っ張られて徐々に加速するから、そのドットの間隔も徐々に広がる。教科書ではそれを見せて、「ほら、これがボールが加速している証拠です！」というものなんだけど、当たり前すぎてつまんなかった。わざわざそんなことしなくても、徐々に加速してるってわかるじゃん、と思っちゃうの（笑）。

黒田 なるほどー。私は、それはそれで面白いと思いますけどね。ＮＨＫの『高校講座』でも、「等加速度直線運動」の回では実験を見せました。斜面で台車を転がすんですけど、途中にドレミの音が鳴るベルを置くんですよ。台車がそこを通ると、音が鳴る。「キラキラ星」のメロディになるようにベルを並べるんですが、等間隔に置くと、台車は加速するから曲のテンポがどんどん速くなるんですね。「では、どういう間隔でベルを並べれば正しいテンポで演奏できるでしょうか」と考えるわけです。

加藤 なるほど。さっき話した「加速の証拠」のドットが、その正解になるわけね。それだとちょっと考えさせる部分があるから、面白いかもしれないですね。

黒田 同じ現象の実験でも、少し工夫すると楽しくなるんです。紙にドットを打つだけだと、たしかにちょっと無機質でつまらない面はありますね。

加藤 いずれにしろ、それがとても大切な実験であるのは私もわかるんですよ。でも、それを「60分の1秒ごとにボールの転がる距離が少しずつ長くなっているのは、速度が少しずつ速くなっているからです」と文章で説明されても、あんまり刺激的に感じなかった。なんて言うか、もう日本語の読み書きはできるのに、あらためてアイウエオから勉強させら

等速直線運動
球の間隔が同じことからわかるように、速度が一定の
状態の運動。つまり加速度は「ゼロ」である。

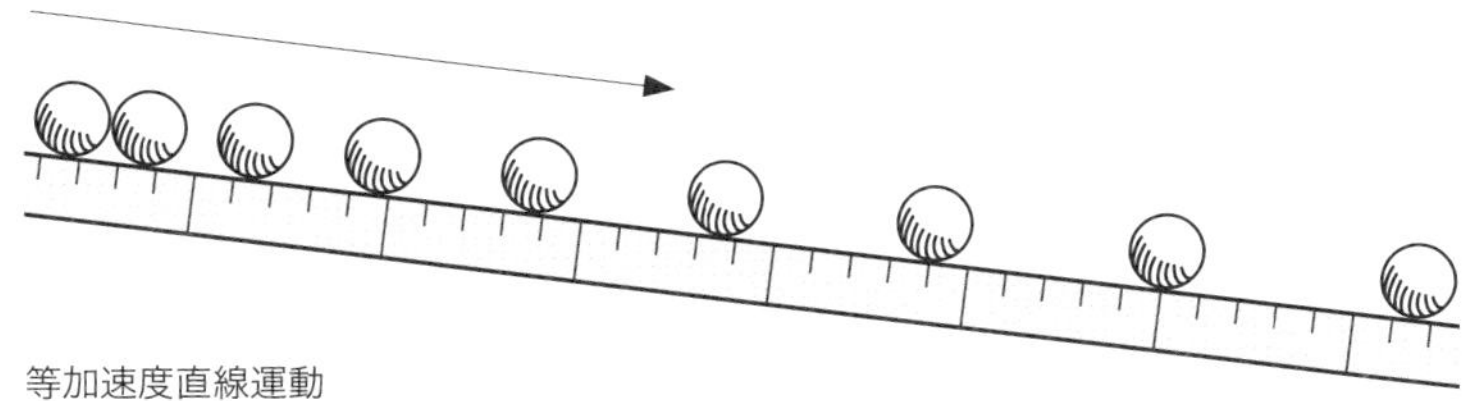

等加速度直線運動
球は一定の加速度で直線を転がっていく。間隔は少
しずつ広がっていく。

れるような感じがして、「そこはスキップしていいから、もっとその奥にある原理を教えてほしい」と思っちゃったのかも。そんなに手間をかけて実験しなくても、そこはわかるからって。せっかちなんだと思うけど（笑）。

黒田 現象はわかるから、それを支配している法則が知りたいということですね。

加藤 うん、そんな感じ。起きている現象を見たまんま「こうなっていますよね」と記述するだけだったら、ただ単に事実を丸暗記するのと変わらない気がするんです。

黒田 たしかにそれだけだと、理系ならではの「積み重ね」もないですよね。

加藤 いろんな現象に共通する規則性や法則があるからこそ、理系の学問は積み重ねが大事になると思うんですよ。たぶん私はもともと、物事の規則性を見つけることに面白さを感じる人間なんでしょうね。たとえば、誰かがある場所で写真を撮ったとき、その構図にはあんまり興味がわかないんです。それは「見たまま」のものだから、いくらでもバリエーションができますよね。でも、その写真に含まれる色を分析したとき、どの構図でも青・赤・緑・黄色……などの割合が同じぐらいになってたら、何か規則性みたいなものを感じるじゃないですか。

黒田 なるほど。そのカメラマン特有の「色の法則」があるのかもしれないわけですね。

加藤 そういうのが見つかったら面白いじゃない？　でもボールを転がす実験は単なる現象

にしか思えなかったから、最初は物理が好きじゃなかったの。それが急に「面白い！」と思えるようになったのは、式を使って問題が解けるようになったときですね。ちょうど受験科目で物理を選択すると決めた後ぐらいに、高校の先生が簡単な問題を作ってくれたんですよ。数値を運動方程式の「F=ma」に当てはめるだけみたいな練習問題。それを解いていくうちに、法則のすごさを感じましたね。だって、その式に数値を当てはめるだけで答えが出るということは、未来がわかるということじゃないですか。たとえば初速や加速度がわかっていれば、その物体が10秒後にどこにいるかがわかる。原理的には、100年後のことまで式から計算で求められるわけですよ。

黒田　そうそう。それが式のすごいところですよね。

加藤　ニュートン*さんは、そういう物体の運動すべてを貫く法則を発見したのか！　とわかったときは、ものすごく感動しました。

小学1年から中学3年まで9年連続で入選した自由研究

黒田　私の高校は受験勉強用みたいな授業が多かったので、物理では最初から問題ばかりやらされました。いきなり「こういう式があります」と教えられて、それを使ってどんどん

＊ニュートン
イギリスの数学者、物理学者、天文学者（1642～1727）。英リンカーンシャー生まれ。ケンブリッジ大学トリニティ・カレッジで研究中の1665年頃、ロンドンでペストが大流行した余波で大学が閉鎖。奨学金を得ていたニュートンは故郷に帰って研究に没頭し、万有引力の法則、二項定理などを発見する。このとき彼はまだ20代前半だった。後にケンブリッジ大学教授、造幣局長官などを歴任する。1705年にはナイトの称号を授与される。

問題を解いていくんですね。だから最初のうちは「なんだか人間味のない世界だな」と思ってました。大学に入るまで、運動方程式をニュートンが発見したことも知らなかったんじゃないかな。学校では、そういう歴史の部分も教えてくれると、興味が深まるような気がします。昔の偉人たちがどうやっていろいろな法則を発見したのかという話。

加藤 科学の積み重ねの重要さを知る意味でも、そこは大事でしょうね。物理の教科書って、私は「読む」ものじゃなくて「解く」ものでいいかなと思ってるんだけど、文章を載せるなら、そういう物語のほうが楽しいかも。

黒田 ただ私も中学生のときは、理科の先生が中学理科の定番問題が載っているプリントをたくさん渡してくれたおかげで、すらすら解けるようになって、自分でも「理科が得意だ」と思い込めるようになったんです。100点が取れると、その気になるじゃないですか（笑）。そのあたりから本格的に「私には理系しかない」と思うようになりました。

加藤 中学生でそう思えるのは早いですねー。

黒田 もともと家族の影響で、小さい頃から自然や科学に興味があったんですよ。兄が2人いるんですが、長男のほうが理科大好き人間で。どこかからニワトリの受精卵を持ち帰ってケースの中で温めたり、チューリップの球根をカッターナイフで切って中身を調べたり、ちょっと変わり者なんですけど（笑）。

加藤 すごい。生物学系なのね。

黒田 鉱物や機械も好きでしたね。学習机の隅にははんだごてが常備されてましたし、引き出しの中には何に使うのかわからない金属の部品とかがたくさん入ってました。シャーペンとか、しょっちゅう分解しては組み立て直したり。

加藤 ものすごい素質を秘めたお兄さんじゃないですか。いまは何を？

黒田 製薬会社の研究職です。

加藤 ああ、やっぱり理系の道を突き進んでいるのね。

黒田 子どもの頃から、薬品やキノコの名前とかにもやたら詳しかったですから。

加藤 ああ、たまに「歩く図鑑」みたいな人いるよね（笑）。

黒田 実際、図鑑もいろいろ持ってましたねー。一緒に海で拾ってきた貝殻を、図鑑と照らし合わせて「これだね」とか言ってました。その兄の影響は大きいと思います。

加藤 身近にそういう人がいると、自然の見方がふつうとは違ってくるでしょうね。

黒田 そういえば、河原に遊びに行っても、石に注目したりしてましたね。上流と下流では石の大きさや形がどう変わるのか、とか。「本で読んだとおりだ！」と確認して喜んでるような子どもでしたね。

加藤 それはもう、生粋の理系じゃないですか。

黒田 母も農学部出身の理系なので、黒田家では夏休みの自由研究にも異様に力を入れるんですよ（笑）。私も、アサガオの観察から始まって、いろいろやりました。小学2年生のときには、シリカゲル*がアルカリと酸によって宝石みたいに変色するのを調べたり。テレビの教育番組で見て、面白いと思ったんです。

加藤 ひぇー。私なんて、ポーランドで拾ってきた草と埼玉県の草を並べるだけで済ませたりしてたわ（笑）。

黒田 それも面白そうじゃないですか。

加藤 いやいや。だって、ただ並べただけだから。提出の3日前に「自由研究どうしよう、お母さん！」「しょうがないわね。とりあえずそのへんの草でも拾ってきなさい！」みたいな感じですよ。このやる気のなさと言ったら（笑）。

黒田 私はやる気満々でしたねー。神戸市では毎年、自由研究の優秀作品が神戸市立青少年科学館に展示されるので、それに選ばれるのをモチベーションにしてました。小学1年から中学3年まで、9年連続で出品されたんですよ。

加藤 超エリートじゃないですか！

黒田 出品されると学校の朝会で校長先生に表彰されるんですけど、いつも「どうせまた黒田だろ」って言われてました（笑）。

*シリカゲル
乾燥剤としておなじみのガラス状の透明な固体。ケイ酸を部分脱水して作る。組成式は、$SiO_2 \cdot nH_2O$で、英語の綴りはsilica gel。

「ブラックボックス」の中で何が起きているのかを知りたい

加藤　うちは両親とも英語学科で、兄はサッカーやかけっこばかりして遊ぶタイプだったから、黒田家とは環境が全然違いますね。理科に興味を持ったのは、そもそも好きだったというより、わからないことが悔しかったからかもしれない。負けず嫌いだから。

黒田　どんなことが悔しかったんですか？

加藤　小学校の理科は生物が中心だから、観察するのが主でしたよね。さっき話した自由研究も、ポーランドと埼玉の草を並べて「こっちのほうが葉っぱが尖（とが）っている」ぐらいのことは私も書いたんですよ。見たまんまですけど。でも中学の理科になると、お兄さんの好きなはんだごてを使って（笑）、コンデンサーをつないだ装置を作ったりしますよね。これ、その機械の中で何が起きてるのかわからないじゃないですか。その装置を使うと何が起きるのかは観察すればわかるけど、なぜそうなるのかは「ブラックボックス」になっている。それを単に「そういうものだから」と受け入れてしまったら、たとえばコンピュータを発明した人にはかなわないですよね。コンピュータを使うことはできても。それが悔しいわけですよ。

黒田 やっぱりシルビアさんは、目の前の現象が起きる原理を知りたいんですね。

加藤 そういう性分なのかもしれません。ほかの子は「はんだづけがうまくできるかどうか」という技術的なところで競争してた感じだけど、ちゃんと組み立てて機械がうまく動いても、その意味がわからないと気持ちが悪い。わけのわからない黄色い電線や米粒みたいな金属の物体が何の役割を持っているかを知らないと意味がない、と思いましたね。うまく組み立てればいいだけなら、理科じゃなくて図工だし。

黒田 じゃあ、シルビアさんも「なんでなんでマン」的なところがあるんですね。

加藤 中学の理科の実験では、「なんでなんで?」って先生にしつこく聞いた覚えがありますね。とくにわからなかったのが、電気分解の実験。2本の炭素棒を水に入れて電気を通すと、水（H_2O）が水素（H_2）と酸素（O_2）に分解できるんだけど、そこで先生が「電子が電離してマイナス側からプラス側に流れて……」と説明するわけ。でもそれが納得いかなくて、「なんで電離してるってわかるんですか？　見た目は水じゃないですか」って、延々と質問しました。化学式を見れば理屈はわかるんだけど、意味がよくわかんなかったんですよね。

黒田 電離を実感したいっていう感じですかね。

加藤 そうそう。最終的には元素の周期表を渡されて、電子を放出しやすい元素と、電子がくっつきやすい元素があると言われたんだけど、結局よくわからなかった(笑)。

家は四角いのに地球が丸いなんて！

黒田 納得いくまで「なんでなんで」は止まらないですよね。私は小さい頃から、宇宙がいちばんの謎でした。まず3歳ぐらいのときに「地球が丸い」と知ったとき、意味がわからなくて「なんでなんで」と親に聞いた記憶があります。

加藤 すごい。そこから疑問を持つ幼児だったんだ。

黒田 だって、部屋とか建物とか、だいたい四角いじゃないですか。

加藤 なるほど。「世界は四角いはずだ」と(笑)。

黒田 そうそう。しかも最初は、自分が丸い地球の表面にくっついてるんじゃなくて、その丸いドームみたいなものの中にいるんだと思ったんですね。自分の立ってる地面は板みたいに平らだと信じてたから。

加藤 素直に考えたらそうだよね。重力のことも知らないと、「裏側の人は落っこちる」と思っちゃうわけだし。古代ギリシャ人の発見を追体験してるみたいで、いい話だなー。

黒田 とりあえず、自分の見たものを見たまま信じちゃう子どもだったのかもしれません。

絵本で死んだ人が雲の上にいるさし絵を見れば、「死んだら雲にのれるんだ」と思いましたし。あと、母の若い頃の写真を見てからは、しばらくのあいだ「昔の世界は白黒だったのか」と信じてました（笑）。

加藤 素直だ！　なんか感動しちゃった（笑）。自分にもいつかそういう娘がほしいな。いいですよ、そういう伸び伸びした発想。私なんか、地球が丸いことをいつ知ったのか覚えてないし、それを疑問に思ったこともないわ。科学的な探求心って、そういう素朴な疑問から生まれるんだろうね。

黒田 いまだに同じ調子で、誰でも知ってることを「なんでなんで？」と質問するので、「なんでって言われても……」とあきれられることも多いです（笑）。

加藤 私はそういう子どもじゃなかったな。ひとつ覚えてるのは、親に太陽について質問したこと。ポーランドの平原を、車で何時間もかけて移動してたんですよ。

黒田 楽しそう。

加藤 全然、楽しくないです（笑）。同じような風景ばかり続くから、もう途中で飽き飽きしちゃう。でも5時間ぐらい経ってから、ふと思って親に聞いたの。「私たちは何時間も動いてるのに、どうして太陽は同じところにいるの？」って。5時間も外を眺めていて、ようやく素朴な疑問がひとつ出た（笑）。

黒田　でも、それは長時間かけて観察しないと出てこない疑問ですから。

『セーラームーン』と『ドラえもん』の影響力

加藤　でも、探求心は薄い子どもだったなー。子どもの頃は『セーラームーン』*が好きで、変身するときに使うあの「幻の銀水晶」に憧れてたんですよ。それで「透明な石には不思議な力があるんだ」と思って、理科教材を売ってるお店できれいな石を買い揃えたりしたけど、ただ眺めてウットリしてるだけ（笑）。黒田さんのお兄さんだったら鉱物図鑑でいろいろ調べるんだろうけど、私にはそういう科学的な好奇心がなかった。

黒田　私も『セーラームーン』が宇宙を好きになるきっかけのひとつでしたね。あれって、みんな惑星の名前じゃないですか。最初はわからなかったけど、あるとき「セーラーマーキュリーのマーキュリーって何？」と母に聞いたら、「水星のことよ」と教えてくれて。そのとき図鑑を見せてもらって、初めて太陽のまわりをいくつもの惑星が回ってることを知ったんです。

加藤　なんでも図鑑があるのがすばらしいね、黒田家は。

黒田　太陽がものすごく大きいことも、そのとき知ってビックリしました。見開き2ページ

*セーラームーン
正式タイトルは『美少女戦士セーラームーン』。1992年から97年まで放送された東映動画（現東映アニメーション）制作のアニメシリーズ。武内直子による同名のマンガが原作である。主人公の月野うさぎと仲間たちが愛と正義のセーラー服美少女戦士に変身し、妖魔と呼ばれる敵と戦う。変身時の惑星の名前は登場人物の名前に関係する。セーラームーンが両腕を交差させて発する決めゼリフは、「月にかわっておしおきよ！」。

に水星から冥王星まで並べて描くと、太陽は本からはみ出ちゃうから、端っこがちょっと描いてあるだけになるじゃないですか。

加藤 太陽の直径は地球の100倍以上あるもんね。

黒田 それ以来、『セーラームーン』の仲間が増えるたびに、惑星の名前を英語で覚えられました。最初はセーラーマーキュリーとセーラーマーズだったのが、最後は冥王星のセーラープルートまで出てきましたから。

加藤 その後、冥王星は「準惑星」扱いになっちゃったけどね。いま思うと、あれだけ太陽系の惑星がモチーフになってるのに、太陽キャラがいなかったのは不思議な気もする。

黒田 セーラーサンがいたら、セーラームーンが主役になりにくいから？（笑）

加藤 そっか。そもそも、地球の衛星である月のお姫様がいちばん偉くて、セーラーマーキュリーやセーラージュピターが脇役というのもいまならバランス悪い気もするけど（笑）。それだけ昔から人々に「月」が愛されてなじみ深かったんですね。ところで、アニメでいうと、『ドラえもん』*の影響も理系女子にとっては大きくないですか？

黒田 すっごく大きいです。

加藤 あれはほとんどＳＦの世界ですもんね。四次元ポケットとかタイムマシンとか、物理学の入り口になるようなアイテムが山盛り。

*『ドラえもん』
22世紀からやってきた猫型ロボットのドラえもんとダメ小学生のび太が主人公のマンガ作品。1969年から96年まで、藤子・F・不二

黒田 たぶん「次元」という言葉を最初に教えてくれたのはドラえもんですね。でも、いまから思うと「アレ？」って思うこともあります。スモールライトってあるじゃないですか。光を当てると物が小さくなる道具。あれって、物体の質量はそのままなのか、質量も小さくなるのか……。

加藤 それは考えたことなかったけど、人間を小さくしてポケットに入れたりしてるから、質量も減るんじゃやない？

黒田 ですよね。そうじゃないと、密度が大きくなってブラックホールも作れることになっちゃう（笑）。たとえば地球も、同じ質量で角砂糖ぐらいの大きさまで圧縮すればブラックホールになるので。だけど、もし質量が減っているとしたら、減った質量はどこに行っちゃったのか……。

加藤 あ、ほんとだ。エネルギー保存の法則に反してますね（笑）。いやー、『ドラえもん』でそこまで考えたことはなかった。

黒田 私、小さい頃に『ドラえもん』の単行本を何度も何度も読んでたんですよ。あまりにも『ドラえもん』ばかり読んでるので、それを見かねた母が「こっちを読みなさい」と言って、『ドラえもん』の学習シリーズを買い揃えてくれました。

加藤 ははは。それも没頭して読んだの？

雄が、小学館の学年別学習雑誌を中心に連載。アニメ化もされ現在も放送中。国民的作品になったせいか、SFマンガという感覚が薄れているが、ひみつ道具とタイムマシーンなどの存在は、物理好きの心をくすぐるものだ。

黒田 読みましたねー。

加藤 いやー、黒田家の理系育成力はすごい。

黒田 それでも結局は芸能人になってるので、人生わからないものですけどね（笑）。

第2章

「F=ma」はすばらしい！

高校物理だって面白い

加藤 ここ数年、物理学や宇宙論がちょっとしたブームになってますよね。けっこう難しい内容の素粒子物理学の本がベストセラーになったり。

黒田 NHKスペシャル『神の数式』*という番組も、視聴率けっこう高かったみたいですね。暗黒物質*（ダークマター）や暗黒エネルギー*（ダークエネルギー）など、宇宙の新たな謎がいろいろと見つかっているのもあって、この分野が以前より広く注目されているような感じ。物理学科出身の宇宙好きとしては、うれしいです。

加藤 だよね。ただ、そういう話で中心になるのって、いわゆる現代物理学じゃない？

黒田 科学雑誌でも、よく相対性理論や量子力学*の特集が組まれますね。

加藤 そうそう。20世紀物理学の二本柱だから、最先端の物理学を理解しようと思ったら、これは欠かせない。それに、どちらも一般常識とはかけ離れたことに関する理論だから、面白いと感じられるのは当然だろうとは思うのね。

黒田 アインシュタインの相対性理論では「光速に近づくと時間が遅れて空間が縮む」とか、量子力学では「物質の状態は観測されるまでわからない。確率的に予測することしかでき

『神の数式』
2013年9月から12月にわたって計4回放送された。全宇宙の謎を解く唯一無二の〝神の数式〟を追い求めてきた人類の歴史を追う。

暗黒物質
光や電磁波を発することがないので見ることはできないが、銀河などに及ぼす重力の効果から存在すると考えられている謎の物質。ESA（欧州宇宙機関）の観測衛星「プランク」の観測結果によると、宇宙全体を構成している物質やエネルギーのうち、陽子や中性子など目に見える物質は全体の4.9パーセントにすぎず、暗黒物質はその5倍以上の26.8パーセン

ない」とか、大学の物理学科でも習いましたけど、いまだに私も「不思議な話だなぁ」って思いますね（笑）。

加藤 本当ですね。光速に近いスピードとか、目に見えないほど小さいミクロの世界とか、どちらも日常生活とは無縁の話だから、一般的な実感には合わないわよね。だから「面白い」と感じて興味を持つ人もたくさんいるわけだけど、逆に「物理学って、わけがわからない」とそっぽを向いちゃう人も大勢いると思うんですよ。前にも話したとおり、相対性理論がなければGPSは正確に動かないし、量子力学的な考え方も実用品の中ですでに使われているんだけど、理論があまりにも実感できないから、多くの人は「自分の生活とは関係ない」と感じてしまうんじゃないかと。

黒田 たしかに、そういう意味で現代物理学はハードルが高いですね。

加藤 でも、私たちが最初に「物理学は面白い！」と思ったのは、そこじゃないでしょ？もっとハードルの低い古典物理学*にも面白いことはたくさんあるのに、それが世の中にあんまり伝わっていない気がするんですよ。

黒田 そうですね。NHKの『高校講座 物理基礎』でも、番組を作りながらあらためて「面白いな」と思えることがたくさんありました。たとえばある回では、デジタル体重計を使うときには、重力加速度が土地によって変わるから、自分が地球上のどこにいるかによっ

トを占めているという。

暗黒エネルギー
宇宙の物質やエネルギーの約70パーセントを占め、宇宙の膨張を加速していると考えられているエネルギー。正体はわかっていない。

量子力学
1900年、ドイツの理論物理学者マックス・プランクが発表した「エネルギー量子仮説」によって創始された理論。ミクロの世界では、物質のエネルギーは連続的でなく飛び飛びの不連続の値しかとることができない。この単位量を量子という。

古典物理学
17世紀から19世紀にかけて発展したニュートン力学、マクスウェルの電磁理論など、一連の物理学理論を古典物理学という。

て設定を変えなきゃいけない――という話をしたんですよ。

加藤 ああ、地球はぐるぐる自転してるから、緯度によって遠心力の影響が違うという話か。それを計算に入れないと正しい体重が計れないんだから、これはもう、誰にとっても生活に密着する大問題だよね（笑）。

黒田 極端な話、北極や南極に立っている人には地球の遠心力が働かないけど、赤道上にいる人は遠心力の影響を強く受けるから、設定が同じだと、極点にいる人のほうが体重計の数字が重くなるんですよね。同じ日本でも「北海道」「沖縄」「その他」から選んで設定できるようになっています。単純な話ですけど、物理に興味を持ってもらうための入り口として面白いと思ったので、そんな話もさせてもらいました。

高校時代に感動した「万有引力の式」

加藤 そういう話って、相対性理論や量子論みたいな「常識を覆す面白さ」はないけど、大事なことだと思うんですよ。アインシュタインの発見だって、そういう基本的な物理学の積み重ねの上に成り立ってるわけだしね。

黒田 アインシュタインの前には、ニュートンが築いた古典物理学があって、高校では主にそれを習います。古典と言っても、決して用済みになったわけではなく、いまでも物理学の基礎になっているものですからね。それ自体、私にはとても面白いものでした。それを知った上で相対性理論や量子力学を大学で教わったから、「ニュートンの力学が当てはまらない世界があるの⁉」と驚いたんですよね。

加藤　そうそう。たしかに現代物理学には誰もがビックリするような面白い部分があるんだけど、まずニュートン力学の美しさへの感動みたいなものを味わったほうが、相対性理論や量子論に対する驚きも倍増すると思うんですよ。

黒田　シルビアさんは、高校物理で何に感動しました？

加藤　私が高校時代にいちばん感動したのは、「万有引力の式」ですね。

$$F=G\ Mm/r^2$$

黒田　おー。Fが引力の大きさで、Gは万有引力定数。Mとmは2つの物体の質量、rはその物体間の距離ですね。つまり、万有引力は物体の質量の積が大きいほどそれに比例して強くなり、距離の2乗に反比例する。

加藤　簡単に言うと、重いものほど重力が強くて、遠く離れるほど重力は弱くなるというこ

ニュートンの運動方程式

F ＝物体にかかる力
m＝物体の質量
a ＝加速度

万有引力の式

F ＝万有引力
G ＝万有引力定数
M＝物体Aの質量
m＝物体Bの質量
r ＝物体A、B間の距離

とを、この式で表しているわけね。

黒田 その法則が、太陽と惑星のあいだでも、リンゴと地球のあいだでも同じように働くことを、ニュートンが発見したんですよね。それまでは宇宙と地上では別々の物理法則が支配していると思われていたけど、このときから「どちらも同じ」だとわかった。物理学は、いろいろな現象をできるだけ同じ法則で説明しようとするので、これはものすごく大きな進歩だったと思います。

加藤 宇宙の研究も、ここから大きく前進したわけだよね。私が感動したのは、このシンプルな式で、宇宙のブラックホールという現象も感覚的に理解できたこと。何でも重力で飲み込んでしまうブラックホールって、ものすごく複雑な仕組みがありそうに思うじゃない？

黒田 なにしろ光さえ出てこられないんですからね。

加藤 でも、星の半径と質量を単純にこの式に当てはめると、「極端に小さくて極端に質量の大きい天体」があったら、すさまじい引力になるだろうな、とイメージできるんですよ。それまでは「光さえ出てこられないブラックホールなんて本当にあるの？」と思ってたけど、この万有引力の式を習ってからは、「たしかにブラックホールはできるかも」と思えるようになったのよね。

ブラックホールに吸い込まれたい！

黒田 ブラックホールは一般相対性理論との関係で語られることが多いですけど、アインシュタインの理論が登場する前にも、似たようなアイデアはあったんですよね。18世紀には、ニュートン力学からブラックホールみたいな天体の存在を考えた研究者もいたそうです。フランスのラプラス*という学者が、万有引力の影響を極限まで突き詰めると、極端に密度の高い天体では光の速度でも脱出できないほどの重力になると考えていたんですって。

加藤 私の高校の先生も、それを知ってたから、万有引力の授業でブラックホールの話をしたのかもしれないな。教科書に書いてある式が、そんな宇宙の大きな謎とつながっているのかと思うと、感動しちゃうよね。

黒田 それだけで、物理に興味を持つ人はかなり増えると思います。私もブラックホールが大好きだから、そんな授業があったらワクワクしただろうなー。

加藤 ブラックホール大好きっていう人も珍しいけどね（笑）。

黒田 え〜。だって、吸い込まれてみたいと思いません？

加藤 思わないよ〜！

ラプラス
フランスの数学者、天文学者（1749〜1827）。数学を駆使して天文力学を発展させた。『天体力学』『確率の解析的理論』などを著す。ナポレオン一世のもとで内務大臣も務める。メートル法の制定にも関わった。

ブラックホール
黒田有彩が吸い込まれたいと言っているブラックホールは、光さえも脱出できないほど高密度かつ大質量である。その強力な重力により、周りの時空も歪められてしまうことが観測により確認されている。1967年に、アメリカの物理学者ジョン・ホイーラーによって名付けられた。

黒田 どんなふうになるのか、興味あるじゃないですかー。

加藤 興味はあるけど、自分が吸い込まれるのは……。

黒田 でも一般相対性理論によると、ブラックホールの手前では重力が強いせいで時間が遅れるので、遠くの観測者からは、他人が吸い込まれていくのが見えません（笑）。直前で止まっているように見えるんです。

加藤 そうか。たとえば黒田さんがブラックホールに近づいていくと、黒田さんは同じ速度で進んでいても、遠くから観測している私には、黒田さんが徐々に遅くなっているように見えるんだよね？

黒田 そうです、そうです。ブラックホールに入る寸前にはほとんど止まって見えるから、自分が吸い込まれないと、どうなるかはわからないと思うんですよ。

加藤 うーん……。で、どうなるんだろうね。

黒田 少しでもブラックホールに近い部分のほうが強い重力を受けるので、足から吸い込まれたとすると、まず爪先から順番にスパゲティ状にビューッて伸びていくらしいです。

加藤 なるほどー。体を構成してる原子が、ブラックホールに近いほうから順番に一直線に並んじゃう感じなのかな。やっぱりイヤだ……。

黒田 でも、それが本当かどうかはやってみないとわからないじゃないですか。物理学では、理論をきちんと実証することが大事ですから。

加藤 私は思考実験だけでいいや。人体実験は勘弁してほしい（笑）。

「加速度」とは何か

黒田 高校物理では、ニュートンの運動方程式も重要ですよね。でも私、高校時代は「F=ma」のすごさがまだピンとこなかったんです。当時は受験のためにひたすら問題を機械的に解くばかりだったので。答えを出す気持ちよさはあったけど、大学であらためて微分積分を使って運動方程式を教わるまで、自然界の法則に触れたような感動は味わえませんでした。

加藤 私も最初は「加速度（a）」のことがよくわからなかった。「重さ（m）」はわかるし、「力（F）」もなんとなく感覚的に理解できるでしょ？　止まってる物体を動かしたり、動いてる物体の速さを変えるのが「力」だと言われれば、まあそうだよなと。

黒田 その「力」が加わらないと、止まっている物体はいつまでも止まってるし、動いてる物体はいつまでも同じ速さで動くわけですよね。それが「慣性の法則」。

加藤 で、その「力」は「重さ」と「加速度」の掛け算で求められるというのが「F=ma」の式なんだけど、加速度ってわかりにくくないですか？

黒田 私も最初は加速度の意味でつまずきました。

加藤 速さは「距離÷時間」だからわかるけど、加速度はイメージしにくかったな。要するに速さがどれだけ変化するかということなんだけど、速さと加速度の区別がつきにくい。最初のうちは、「Fを求めよ」という問題で「重さ」×「速さ」を計算しちゃった。でも「重さ（m）」×「速さ（v）」は「運動量（p）」だから（p=mv）、「力」とは違うのよね。その運動量を変化させるのが「力」。

黒田 そうですね。だから私は、まず慣性の法則で等速直線運動をしている物体を思い浮かべて、それを押したり引いたりするのをイメージしました。摩擦なしでスーッと動いている物体には一定の運動量（重さ×速さ）があるけど、それに力を加えると速さが遅くなったり速くなったりして、運動量も変わる。カーリングのストーンとかイメージすればいいのかもしれません。でも問題を解いてて頭がテンパると、いま計算してるのがプラスの加速度なのかマイナスの加速度なのか、わからなくなったりするんですよね（笑）。

加藤 あるある！

黒田 「加速度運動」は速度が変化する運動のことだから、「減速」するのも「加速度」運動。物理の用語は、英語から日本語に訳しているから、言葉のイメージがつかみにくかったりもするんですよね。

加藤　とくにバネの運動とかわかりにくくて、いちばん速度が速いと思ったその瞬間、加速度はゼロになっちゃうんです。

黒田　そうそう（笑）。速度がゼロのときに加速度が最大になる。

加藤　うんうん。バネが伸びきった瞬間は止まってるから速度ゼロだけど、加速度はそのときがマックスなのよね。引っ張る力がいちばん大きい状態だから。

黒田　「運動量」と「力」がズレてる感じですよね。

加藤　そうなんだよね。バネが伸びきった状態は、加速度が最大だから力も大きいけど、速さはゼロだから運動量もゼロ。言ってみれば、まだ仕事はしてないけどこれから伸びそうな期待の新入社員は、運動量はゼロだけど加速度が大きいから力が大きい、という感じですかね。それで言うと、たとえばいまバリバリ働いてるけど、もうあんまり成長は期待できない中堅社員がいたら、運動量が最大だけど「力」がゼロ？（笑）

黒田　あはは、面白いですね。なんとなくわからなくもないです。

微分積分の面白さを知らずにいるのはもったいない！

加藤　最初はピンとこなかったニュートン力学だけど、距離と速度と加速度の関連性を理解して、物体の動きが式から求められるとわかったときは感動しましたね。速度ゼロで静止している物体が、力によって動き始めたとき、未来の速度と加速度と座標がわかって、結果、「何秒後にどこにいるか」が原理的にわかる。これは面白いじゃないですか。

黒田 距離と速度と加速度の関係は、等加速度直線運動の様子をグラフにすると「なるほど」と思いますよね。3つとも横軸は「時間（t）」で、いちばん上は縦軸が「加速度（a）」。等加速度運動だから、いくら時間が経ってもこれは変わりません。

加藤 このグラフでは、1秒ごとに速度が1メートルずつ増える。

黒田 加速度が「1メートル毎秒毎秒（1m/s²）」ということですね。

加藤 その「毎秒毎秒」っていうのも、わかりにくい言葉ではあるよね（笑）。速度の単位が「メートル毎秒（m/s）」だから、1秒ごとの加速度は「メートル毎秒毎秒」になるんだけど。

黒田 そうですね。で、真ん中のグラフが、加速度が1メートル毎秒毎秒のときの「速度（v）」の変化。加速度が一定だから、速度は時間に比例して一直線に上がっていきます。

加藤 これとさっきのグラフを比べれば、速度と加速度の違いはよくわかるんですよ。イメージ的には真ん中が「加速度」だと勘違いしやすいんだけど、加速度があることで速くなっていくのは速度のほうなんだよね。

黒田 はい。で、いちばん下のグラフが、その等加速度直線運動の「距離（x）」の変化を表

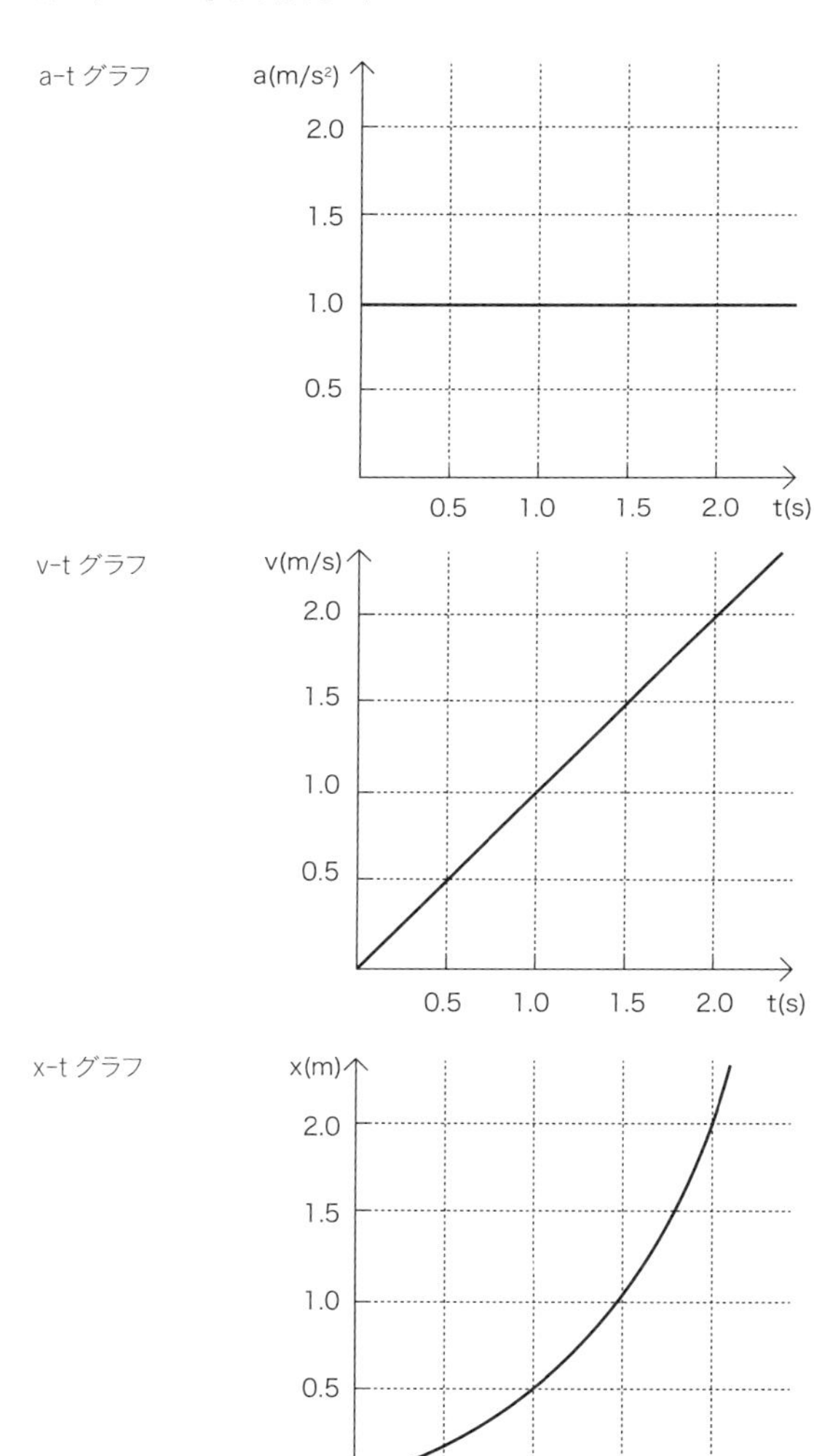

等加速度直線運動
3つの図

加速度（a）が、1.0m/s^2 のときの
速度 v と距離 x のふるまい

したもの。加速度なしの「等速直線運動」の場合はこれが右肩上がりの一直線になるけど、等加速度直線運動だとこうやって時間が経つほど移動する距離が多くなります。

加藤 私が「つまらない」と思った実験（笑）をグラフにすると、こうなるということですよね。同じ時間に進む距離が、どんどん長くなる。

黒田 これが加速度と速度と距離の様子なんですけど、その本当の関係性って、微分法を使わないとわからないんですよね。距離を時間で微分すると速度になり、その速度をまた時間で微分すると加速度になる。それを知ったとき、めっちゃ感動しませんでした？

加藤 めっちゃ感動しましたよ〜。微分積分ってすごい！　と思いましたね。

黒田 ですよねー。速度は「距離÷時間」だから、1秒で1メートル進めば速度は「1メートル毎秒」だけど、それはその距離を進むあいだの平均速度にすぎません。でも、たとえば自動車のスピードメーターは「いまこの瞬間の速度」が表示されますよね。あれは、極端に短い時間に動いた距離を考えて、その時間を無限にゼロまで近づけたときの値を計算して出している。これが、微分。

加藤 ゼロでは割り算できないけど、限りなくゼロに近い時間で距離を割ることで、瞬間の速度が計算できるわけですね。

黒田 それと同じように、平均の加速度は「変化した速度（現在の速度マイナス初速）÷時間」

だから、速度を微分するとその瞬間の加速度が求められます。文系の人たちは、「微分積分」と聞いただけでイヤな顔をすることも多いですけど、この面白さを知らずにいるのはもったいないと思うんですよねー。

運動量とエネルギーの違いって？

加藤　高校の物理では微分積分を使わないけど、私は受験生のときに塾で「運動方程式の問題は微分積分を使ったほうが話が早い」と教わったんですよ。たぶん、そういう塾は世の中にたくさんあると思うけど。それを知ったときは、それまでチマチマやっていた計算が「こんなにスッキリやれるのか！」とビックリしましたね。

黒田　数学と物理がつながった！　という感動がありました。

加藤　もともと、力学を正確に記述するためにニュートンやライプニッツ*が考え出したのが微分積分だそうですからね。物理には欠かせません。

黒田　私は大学に入ってからそのすごさを知りました。高校時代は「F=ma」の式に当てはめて問題を解くだけだったから、数学の計算問題で正解を出すのとあまり変わらないですよね。でも大学であらためて微分積分を使うニュートン力学を勉強して、やっと「この式

*ライプニッツ
ドイツの数学者、哲学者、神学者（1646〜1716）。ニュートンとは別に微分積分法を発見した。モナド（単子）論、予定調和説を展開した哲学者としての業績も名高い。

がすべての物理現象に当てはまるのか！」とわかった感じです。ただ計算問題をやっているのではなく、「サイエンスをやってる」という感覚ですかね。

加藤 「F=ma」は基本だから、その先にある物理にもつながっていくしね。私、F（力）ってパスポートみたいなものだと思ってるんですよ。それさえ持っていれば、いろんなところへ行けるから。たとえば、力を距離で積分すると「仕事」になるから、今度はエネルギーの世界に行けるでしょ？

黒田 はい。「仕事」をする能力がエネルギーですね。

加藤 一方、力を時間で積分すると、運動量の世界に行ける。エネルギーと運動量って、何が違うのか、感覚的に違いを説明するのは難しいんだけど（笑）。

黒田 エネルギーも状態によっていろいろ変わりますしね。「運動エネルギー」だと、運動量とすごく似てます。運動量は「質量×速度」だから、たとえば大きなトラックと小型自動車が同じ速度で壁に激突した場合、質量の大きいトラックのほうが運動量が大きいので、破壊力も大きい。でも、これは「トラックのほうが運動エネルギーが大きいから破壊力も大きい」とも言えますよね。

加藤 でも、たとえば高い崖の上で止まっている岩は、速度がゼロだから運動量はないけど、「位置エネルギー」は持ってる。そこがエネルギーと運動量の違いです。その岩が落下を始めると、位置エネルギーが運動エネルギーになるから、また運動量と区別がつきにくくなるんだけど。

黒田　ただ、相対性理論の世界になると、エネルギーと運動量も同じようなものになっちゃうんですよね。力を距離で積分するとエネルギー、時間で積分すると運動量ですけど、相対性理論では空間（距離）と時間が同じようなものとして扱われるので。

加藤　そうだったっけ（笑）。私が専攻した量子力学だと、運動量がものすごく大事なんですよ。古典力学は主に距離（x）と時間（t）の世界だけど、量子力学は運動量（p）と距離（x）の世界になる。まあ、難しいことはともかく、「F=ma」の式はそういう世界にもつながっているということだけ、みなさんにも知ってほしいですね。

やっぱりニュートンは偉大だった！

黒田　とは言っても、私も大学時代、量子力学はものすごく苦手だったんですよ〜。

加藤　もちろん、私もよくわかってはいないんだけどね（笑）。まあ、ノーベル物理学賞を受賞したリチャード・ファインマン*先生も「相対性理論は誰でも理解できるが、量子力学がわかっているというやつは嘘つきだ」とおっしゃってるぐらいだから。

*リチャード・ファインマン　アメリカの物理学者（1918〜1988）。量子電磁力学の発展に寄与したことにより、朝永振一郎らとノーベル物理学賞を受賞した。経路積分やファインマン・ダイアグラムの考案で知られる。非常にわかりやすい講義で人気を博した。

黒田 相対性理論も十分に難しいけど……（笑）。

加藤 ただ、量子力学や相対性理論まで行かなくても、たとえば電磁気学*を勉強すると、ニュートン力学と似た形の式が出てくるじゃない？

黒田 ええ。たしかに、「こういう形の式は前にも見たことがあるな」と思えることがいろいろありますよね。

加藤 それにも私は感動するんですよね。ニュートンの力学は、基本的に私たちの身の回りにある現象を扱うものでしょう。そういう世界の原理を表した式が、目に見えない電磁気の世界と同じような形をしてるのは、すごいことだと思うの。

黒田 本当に美しいですよね。

加藤 だから私、やっぱり最初に「F=ma」を見つけたニュートンさんがいちばん偉大だと思っちゃう。だって、ほんの100年ほど前にアインシュタインが登場するまでは、ニュートンの力学で身の回りのほとんどのことが説明できたわけでしょ？

黒田 そうですね。それに、相対性理論はニュートン力学を否定したわけじゃなくて、より極端な状態にも当てはまるように「拡張」したもの。たとえばニュートン力学の「速度の合成則」は、光速に近い極端な状態では成り立たなくなるけど、近似値を求める式としては間違っていません。私たちの身の回りにある日常的な現象を説明するには、それで十分

電磁気学
電気および磁気に関する現象を扱う物理学のひとつ。かつて電気と磁気とはまったく無関係のものと考えられていたが、1820年にデンマークのエルステッドが電流の磁気作用を発見。1831年にはイギリスのファラデーが電磁誘導の法則を発見し、電気と磁気の現象は別々に考えることができないことが明らかになった。その後イギリスの理論物理学者マクスウェルが電気と磁気の法則を方程式にまとめ、電磁気学を確立した。

です。

加藤　ああ、時速50キロメートルで走ってる車の上から時速100キロメートルでボールを投げると、足し算で時速150キロメートルになるというやつね。

黒田　はい、それが「速度の合成則」です。でも光速は常に一定だから、その計算が成り立たないんですよね。時速50キロの車が並んで走るとお互いに相手が止まって見えるけど、光と同じ速度で並んで走っても、光が止まって見えることはない。どんな速度で動いている人から見ても、光は光速で飛んでいくわけです。

加藤　それを発見したアインシュタインさんもすごいよね。でも私、ニュートンの「F=ma」はアインシュタインの「$E=mc^2$」と同じくらいの発見だと思う。

黒田「これとこれは実は同じなんだ！」というつながりを感じられるのが、物理学を勉強する楽しさですよね。「$E=mc^2$」には「エネルギーと質量が実は同じなんだ！」という驚きがあるわけですけど、「F=ma」にもいろんなつながりがあります。

加藤　そうだよね。でも、その楽しさって、高校物理ではなかなかわからないじゃないですか。私は高校時代、塾の先生に「F=ma がわかれば、高校の物理の8割はわかる」と言われたんですよ。そのときは意味がよくわかんなかったけど、いまは「なるほど、電磁気学にも応用できるという意味だったんだな」とわかる。とにかく、物理学の1丁目1番地が

「F=ma」なんだよね。できれば高校の授業でも、そういう面白さをもう少し伝えてくれたらな、と思います。

黒田 そうしたら、もっと理系に進む人が増えそうな気がしますね。「理系女子は変わり者」みたいな見方をする人も減るかもしれませんし（笑）。

「c＋c＝c」になった不思議な計算に感動

加藤 とはいえ、大学では物理の面白さを教わると同時に、難しさも知りましたよね。

黒田 1年生のときは、解析力学で苦労しましたねー。2年生になると電磁気学が始まって。あと、物理の難しさとはちょっと違うけど、「物理英語」がツラかった……。日本語で読んでもわからない論文を、なんで英語で読まないといけないのか（笑）。シルビアさんは得意だったかもしれませんけど。

加藤 いやいや。私、英語は全然できないのよ。見かけ倒しなんです（笑）。ポーランド語のほうがまだわかる。

黒田 物理英語の教材は英語で書かれた物理の論文ですけど、語学の勉強のはずなのに、やっぱり論文だから習ってない方程式とかたくさん出てくるんですよね。

加藤 そうだった、そうだった。

黒田 表記の仕方もよくわからなかったし。たとえばベクトルって、高校では上に矢印を書いて表すと習ったんだけど、英語の論文では太字でベクトルを表したりするじゃないですか。ただでさえ英語がわからなくて辞書をいっぱい調べなきゃならないのに、そういう部分でも意味のわからないことがたくさんあったから、すごく苦痛でした。

加藤 英語の辞書を引くために物理学科に入ったんじゃない！　って叫びたかったよね（笑）。いまから振り返ると、もっと真面目にやっておけばよかったと思うけど。

黒田 いまならそれをカリキュラムに入れる意味もわかるんですけどね。相対性理論は2年の前半でしたっけ？

加藤 そうだったかな。特殊相対性理論は全員が必修で、最後にちょっと一般相対性理論もかじって終わる感じ。でも例の森川先生だから難しくてねー。週を追うごとに教室に来る人数が減っていったような（笑）。

黒田 さっきの「速度の合成則」がどうして光では成り立たないのかを森川先生が説明されたときのことは、よく覚えてます。「2台の車が反対方向にどちらも時速80キロメートルで走ると、80＋80で、お互いに相手が時速160キロメートルで進んでいるように見えるよね？」という話から始まって。

加藤 覚えてないなぁ。

黒田 でも、「光速（c）」で反対方向に走っても、相手が「2c」で遠ざかっているようには見えない——なぜそうなるのか、ちょっと計算してみましょう、という授業です。

加藤 で、先生がカリカリと板書を始めるわけね（笑）。

黒田 途中から頭がボーッとしてきちゃったので、どういう計算をしていたのかは覚えてないんです（笑）。でも黒板いっぱいの式を4回くらい消して、最後の最後に「＝c」という答えが出たときに、「マジっすか！」と感動したのだけは覚えてるんですよね。「c＋c」で「2c」になるはずの問題が、いろいろ計算していくうちに「c」になったんです。「光速不変の原理」って、相対性理論の入門書や雑誌の特集では必ず出てくるから、知識としてはもちろん知っていましたけど、目の前で計算して答えを出されると、やっぱりビックリしますよね。ああ、本当に光速を超えることはできないんだな、と。

加藤 途中の計算はわからなくても、ちゃんと式でそれを説明できる人が存在するっていうのがすごいよね。これは、物理学科に入らないとなかなか味わえないかも。

黒田 できれば授業に潜り込んで、もう一度ちゃんと計算を理解したいです。

モヤッとする「不確定性原理」

加藤 私は不確定性原理を習ったときに感動したのを覚えてるな。

黒田 やっぱり量子力学がお好きなんですね。

加藤 3年生のときだったけど、高校時代からずっとハッキリしたものだけを勉強してきたわけでしょ？　たとえば「F=ma」の式があれば、いろいろなことにちゃんと答えが出る。それなのに、突然、ハッキリしないことが物理学で成り立っていると知ったら驚くじゃないですか。

黒田 位置と運動量は同時に測定できない、という原理ですよね。そんなハッキリしないことを原理と呼んでいいの？　と思ってしまって、ボンヤリしちゃいました。なんというか、それまでいろんなものがクリアに見えていたのに、急に視力が悪くなった感じというか（笑）。

加藤 たしかに、突如として視界が霞（かすみ）に覆われたような感じがするよね。一応、簡単に式を紹介しておきましょう。

$$\Delta x\ (\text{位置の幅}) \times \Delta p\ (\text{運動量の幅}) \geq \frac{\hbar}{2}$$

ℏはプランク定数*を2πで割った数値だから、Δxとpの積は必ずその定数より大きくなるということですね。だから、一方の幅が狭まると一方の幅が広がる。位置を正確に測定すれば運動量の曖昧さが広がり、運動量を正確に測定すれば位置の曖昧さが広がるわけです。

黒田 それも相対性理論と同じで、ニュートン力学が扱う日常的な世界では無視できるものなんですよね。でもミクロの世界を扱う量子力学では、この原理を取り入れないと計算ができないという。

加藤 ニュートン力学では、ある時点の位置と運動量がわかれば、1秒後の位置と運動量も計算できるけど、量子力学ではそうはいかない。なにしろ位置と運動量を同時に決められないから、1秒後にどうなっているかも確率でしか予測できなくなっちゃう。

黒田 モヤッとしますねぇ。

加藤 そのモヤッとした原理を物理学は認めちゃったのか！　という驚きですね（笑）。

黒田 技術的に測定できません、という話じゃないですからね。原理的に不確定だというんだから、本当に不思議です。

プランク定数
量子論を特徴づける基本的な普遍定数。記号はh。量子力学の創始者のひとりである、マックス・プランクにちなむ。

ミクロの世界で量子力学を体験したい！

加藤 有名な「シュレディンガーの猫」なんかも、感覚的にはまったく理解できない話なんだけど、そこにちょっと哲学的な雰囲気を感じたりもするんですよ。それを物理学が認めているのが面白い。だから、よくわかってはいないんだけど、量子力学は好きな世界だな、と思ったんだよね。ものすごーくちっちゃいミクロの世界の住人になって、それがどんな世界なのか体験してみたい。

黒田 それ、私がブラックホールに吸い込まれたいのと似てませんか（笑）。

加藤 いやいや、ブラックホールからは戻ってこられないけど、ミクロの世界からは戻れるから。

黒田 戻れるんですかねぇ。

加藤 それも確率でしか答えられないのかもしれないけど（笑）。

黒田 でも、トンネル効果*とか体験できたらすごいですよね。

加藤 ドラえもんの「通りぬけフープ」みたいな話だからねー。

黒田 トンネル効果は、時間とエネルギーの不確定性原理によるものでしたっけ。量子力学

トンネル効果
電子などの素粒子の世界では、粒子がある確率で壁の向こう側に通り抜けてしまうという現象が起こる。これをトンネル効果といい、ごく短時間なら高エネルギーを借りられる時間とエネルギーとの不確定性原理によって起こると考えられている。日本の物理学者・江崎玲於奈は、半導体内におけるトンネル効果の実験的発見によって、1973年にノーベル物理学賞を受賞している。

の授業でも、わりと早いうちに出てきた話ですよね。

加藤 そうそう。時間とエネルギーのあいだにも、一方を正確に決めると一方の曖昧さが大きくなる関係があるんだよね。だから、時間がものすごく短いと、エネルギーがものすごく曖昧になって、大きな値を取ることができるようになる。……私、昔のノート持ってきたんだけど、これにも出てくるんじゃないかな。

黒田 すごい！ きれいにノート取ってたんですねー。

加藤 最初のうちはやる気あったからね（笑）。……ほら、これ、「トンネル効果」って書いてある。エネルギーは目の前にある壁より小さくても、量子力学ではあらゆる可能性を考えて計算するから、粒子が壁の向こうに透過する確率があるわけですね。マクロの世界では、壁にぶつけたボールが向こう側にすり抜けることなんてあり得ないけど、ミクロの世界ではそうなる確率がゼロではない。だから、ニュートン力学では乗り越えられないはずの高い壁をすり抜けたように向こう側へ行けちゃうという話。

黒田 ノートにも「古典的にはあり得ないけど量子的にはあり得る」って書いてありますね。

加藤 先生から聞いて「すごい！」って思ったのは覚えてるな。それまでは「1＋1＝2」の古典物理を必死に勉強してきたのに、量子力学って「1＋1＝3」になることもあり得るみたいな話だから、本当に驚いた。そういう考え方がちゃんとした権威ある物理学の世

シュレディンガーの猫
量子論では、粒子は観測するまで位置が確定できず、異なる複数の位置に同時に存在しているとされる。これに納得できなかった理論物理学者のシュレディンガーは、猫を使った思考実験で量子論の問題点を指摘した。猫を50パーセントの確率で毒ガスが発生する装置に入れておき、一定時間後、ふたを開ける。するとふたを開けて観測するまでは、生きている状態の猫と死んでいる状態の猫が同時に存在していることになってしまう、というもの。

界で認められているのがすごいよね。

黒田 前にシルビアさんが、アインシュタインの相対性理論がないとGPSは正確に動かないというお話をされましたけど、このトンネル効果も、半導体や集積回路の電流を考えるときには無視できないそうです。SFみたいな話だけど、現実の世界で応用されてるんですよね。

加藤 だから、「量子力学なんて何の役に立つんだよ」と言う人は半導体のない生活を想像してみてほしい（笑）。パソコンもケータイもない生活。不確定性原理のことも、その突飛な結論を見て「結局、科学で確実にわかることなんかないんでしょ？」と思う人がいるかもしれないけど、そういう考えは違うと思う。わからないんじゃなくて、不確定性があるということがわかったから、それを前提に半導体なり何なりがちゃんと使えるんですよ。その上に成り立っているのが、いまの私たちの生活なんです。

大学に入ったときはノーベル賞を取れると思ってた

黒田 それにしても、こうして大学時代に習ったことを振り返っていると、苦労したことばかり思い出しちゃいますね。私、物理学科に入ることが決まったときは、ものすごくワクワクしてたんですよ。相対性理論にしても、量子力学にしても、それまで入門書でなんとなく知ってはいたけど、よくわからないじゃないですか。でも大学に入ったら、すべての謎が解けるに違いないと期待してたんですね。

加藤 わかる、わかる。

黒田 ところが実際に習ってみると、どの科目でもメチャメチャ計算させられるじゃないですか。もちろん理解するにはそれが大事なんですけど、ひたすら必死に計算しているうちに、何の勉強してるのかよくわからなくなったり(笑)。理想と現実のギャップを感じちゃいましたね。もちろん「わかること」は増えていくんだけど、勉強すればするほど「わからないこと」も増えていったような気がします。

加藤 私も、大学に入るときは「いつかノーベル物理学賞が取れるはず」って思ってたからなー(笑)。

黒田 やっぱりノーベル賞は夢見ますよね。

加藤 物理学科の門を叩いたときはみんなそうなんじゃないかな。物理学賞は、日本からもこれまでにたくさんの受賞者が出てるから、憧れるよね。だけど大学に入って1年も経たないうちに「こりゃあ、勝負にならないわ」とわかる(笑)。

黒田 いろいろ圧倒されますよね。

加藤 同学年の25人の中でも生き残れるかどうかなんだから、ノーベル賞なんて夢のまた夢。鋭い子は本当に鋭くて、私が全然解けないような問題をスラスラ解いちゃったりするのよね。

黒田 私の同級生にも、すごい子がいました。問題が解けるだけじゃなくて、教え方もうまいんですよ。私たちがわからないことをすごくわかりやすく教えてくれるので、みんなに「先生」って呼ばれてた（笑）。

加藤 ときには、本物の先生よりわかりやすく教えてくれた（笑）。何につまずいているのか、同じ学生同士だからわかるのかもしれない。いや、まあ、大学は中学や高校と違うから自分で勉強しなきゃいけないんでしょうけど、突然、研究室で蕎麦を打ち始める先生もいたし。やっぱり変わった先生が多かったかも。

黒田 まあ、浮世離れした先生は何人かいて、それはそれで面白かったです。でも、その「先生」と呼ばれてた同級生も、物理以外のことはうとかったりして。社会とか国語は苦手だったりするんですよね。みんな得意不得意があるんだなって、妙にホッとしたのを覚えてます（笑）。

Curriculum		1年次	2年次	3年次	4年次
講義科目	必修科目	古典力学 解析力学 電磁気学 I 電磁気学 II 物理数学 I 物理数学 II	量子力学 I 量子力学 II 熱統計力学 数理物理学 力学系理論	量子統計力学 多体系量子力学 相転移物理学 固体電子論 原子核物理学	凝縮系物理学 素粒子物理学
講義科目	選択科目	物理学 特別講義	物理実験学 相対論 物性物理学序論 連続体物理学	基礎エレク トロニクス 宇宙物理学 流体力学 量子光学	非線型光学
実験・演習科目	必修		基礎物理学実験	物理学実験	特別研究
実験・演習科目	選択	力学演習 電磁気学演習	量子力学演習 物理数学演習	統計力学演習 計算物理学 講義演習	
理学部 共通科目		初等代数学 初等解析学 I 初等解析学 II 初等線形代数学 数理基礎論	計算基礎論 確率序論 基礎科学 基礎化学A 基礎化学B	基礎生物学A 基礎生物学B 地球環境科学 生物学基礎実験 化学基礎実験	地学基礎実験 大気海洋科学概論 地史古生物学概論 宇宙地球科学 計算機システム序論
外国語		英語・ドイツ語・フランス語・中国語			

お茶の水女子大学理学部物理学科カリキュラム(2014年度)

水が止まって見える噴水に「計算欲」を刺激される物理女子

加藤 まあ、いろんな人たちがいて楽しい世界ではありましたねー。私も最近、気持ちがイライラしてるときとか、大学時代の参考書を引っ張り出して計算問題とかやったりするから、世間から見れば相当な変わり者だと思うけど（笑）。

黒田 それでストレス解消ですか？ 逆にストレスたまりそうですけど（笑）。

加藤 問題が解けるとスッキリするよね。

黒田 あーなるほど。でも私も、こうしてシルビアさんとお話をしていて、久しぶりにガリガリ計算したい気分になってきました。

加藤 やっぱり、そういうのが好きなんだと思う。大学時代も、突然みんなで計算を始めたことなかった？ 私よく覚えてるんだけど、1年生のとき、同級生たちとカラオケに行ったの。その店のロビーに噴水があったんだけど、照明を当てると、水の玉が止まってるように見えるやつだったのね。……わかる？

黒田 わかります、わかります。止まるだけじゃなくて、ときどき逆方向に動いたりするやつですよね。

加藤 それそれ。あれを見て、みんなが計算を始めたのよ。これぐらいの速度で水が落ちていくとすれば、何秒に1回のペースで光を当てればああいうふうに見えるか――って（笑）。端から見てたら、ちょっと怖いよね。でも、ああいうシンプルな現象ほど計算欲を刺激する。計算欲っていう言葉があるのかどうか知らないけど。

黒田「みんなでカラオケに行く」と聞くと「ふつうの大学生なんだな」と安心する人もいるでしょうけど、そこで計算大会が始まると聞くと「やっぱり理系は……」と思われちゃいそうですね（笑）。

加藤 私はちょっと引いてましたけどね（笑）。でも、計算したくなる気持ちはよくわかる。何度も言ってるように、身の回りの物理現象の多くはニュートンの力学で説明できるわけだから、それを確認したくなるわけですよ。「F=ma はやっぱり正しい！」って納得したいというか。

黒田 単に計算が好きなんじゃなくて、自然界を支配する法則のすばらしさを味わってるわけですよね。惑星の動きからカラオケの噴水まで、すべてを貫く原理を発見したんだから、やっぱり、ニュートンは偉大だと思います！

第3章

宇宙の根源を知りたくて

透明人間の研究がしたかった！

黒田 シルビアさん、大学の卒業研究は何をやられたんですか？

加藤 スピンホール効果*。

黒田 わからない……。量子力学に関係あるんですよね？

加藤 まあ、そうですね。実用化できればものすごい省エネのパソコンなんかが作れるという話なんだけど。でも本当は、透明人間の研究がしたかったんだよなー。

黒田 と、透明人間が、物理的にできるんですか⁉

加藤 それをやってたから、その研究室を選んだんだけどね。でも、ひとつ上の先輩がそれをやっていて、もうシミュレーションに成功しちゃってたから、私はやらせてもらえなかったのよ。

黒田 透明人間のシミュレーションに成功したんですか！ すごいじゃないですか！

加藤 いや、本当に人間が透明になるわけじゃないですよ(笑)。いわゆる「メタマテリアル*」の分野の話。特殊な屈折率を持つ物質で物体を覆うと、その物体は見えなくなるという理論があるんです。それが正しければ、「透明マント」みたいなものができる。

*スピンホール効果
非磁性体の金属や半導体に電流を流すと、電流と垂直方向にスピン流(磁気の流れ)が発生する現象。スピン流には発熱によるエネルギー損失がないため、次世代の省エネルギー電子情報技術として期待されている。

*メタマテリアル
光などの電磁波に対し自然の物質にない特性を持つように設計された人工物質のこと。も

黒田 面白そうですねー。マンガやアニメでは、よく忍者が塀と同じデザインの布をかぶって姿を消しますけど（笑）、そのメタマテリアルを使うと、向こう側の景色が見えるということですか？

加藤 そうそう。光の屈折率をうまく微調整した物質を作ることができたら、後ろから来る光の進む方向を変えて、迂回させられるのよ。だから、こっちから見てる人にとっては、そこに誰もいなくて、単に向こうの風景がそのまま見えるわけ。もちろん、そこに向かって歩いていけば、マント着てる人にぶつかるんだけど（笑）。

黒田 へー。それ、ちょっと宇宙の「重力レンズ」に似てますね。

加藤 あれは重力のせいで光が曲がるのよね。

黒田 はい。いちばん有名なのは、アインシュタインの理論を証明した日食観測。太陽の近くを通過した星の光が、太陽の重力のせいで曲がって、本来の位置から少しズレたところにあるように見えたんですよね。それで「一般相対性理論の言うとおり、本当に空間は重力によって歪（ゆが）んでいた！」と大騒ぎになって、アインシュタインは一躍有名人になったそうです。

加藤 太陽の近くに見える星は皆既日食のときしか観測できないから、アインシュタインも「そのときにはこう見えるはずだ」と予言していたんだよね。

もともとは「人間の手で創生された物質」という意味。

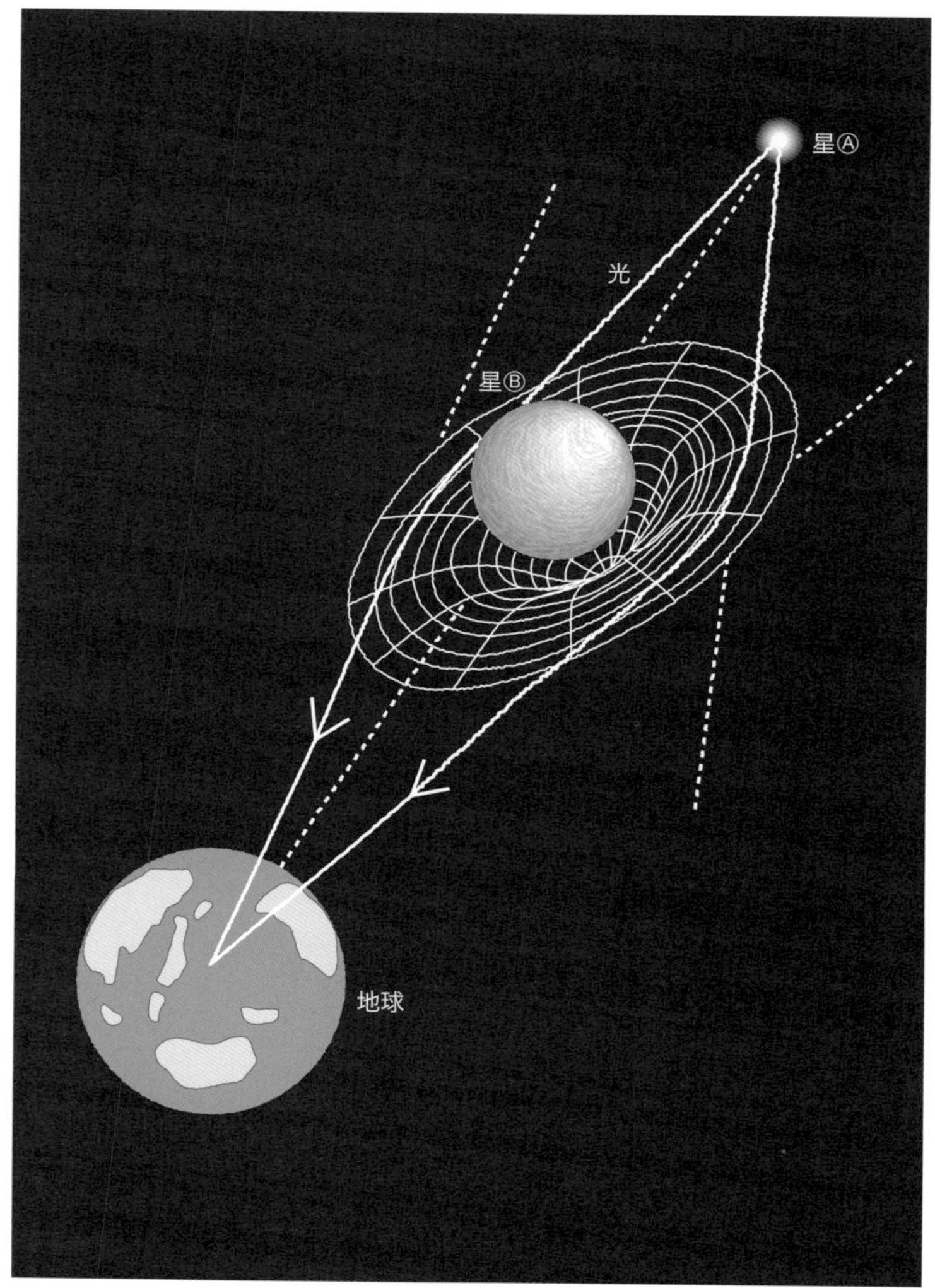

重力レンズ

恒星や銀河団など巨大な重力を持つ天体が、より遠くの天体の光を曲げてレンズのような働きをする現象。アインシュタインの一般相対性理論によって予言された現象のひとつ。上の図では、本来地球から見えないはずの星Ⓐの光が、あいだにある星Ⓑの重力によって曲げられ、見えるようになっている。

暗黒物質と暗黒エネルギー

黒田　で、重力の強い天体の近くで光が曲がる「重力レンズ効果」を利用することで進んだのが、暗黒物質（ダークマター）の研究です。

加藤　いよいよ最先端の宇宙談義になってまいりました（笑）。暗黒物質も、まったく光を出さなくて見ることができないっていう意味では、透明人間みたいな感じだよね。

黒田　ものすごい謎ですよー。全然正体がわからないのに、宇宙全体でふつうの物質の5倍ぐらい存在することだけはわかってるんですから。

加藤　私、あんまり詳しくないんだけど、どうして存在がわかったんだっけ。

黒田　大きな重力源があると考えないと、銀河の回転速度*が説明できないんですよね。目に見える星やガスの重力だけだとすると、たとえば私たちの太陽系も銀河系につなぎ止めておくことができなくて、どこかに飛んでいっちゃう。だから、「目には見えないけど強い重力を持つ未知の物質」があるはずなんですね。それが暗黒物質。

加藤　なるほど。そもそも、銀河の回転速度がおかしいって計算できるのがすごいですよね。遠くの銀河の全体の質量や回転の様子が、観測でわかっちゃうわけだから。

*銀河の回転速度
銀河は、星が集まっている内側ほど重力が強くそれと釣り合う遠心力も強い。そのため回転速度は内側ほど速く、外側に行くほど遅くなるはず。だが観測してみると、内側も外側も回転速度はあまり変わらない。

黒田 そうですよねー。さらに最近は、重力レンズ効果を利用して、宇宙のどこにどれだけの暗黒物質があるのかもだんだんわかってきたそうです。暗黒物質がたくさんあると、その向こう側にある星の光が重力で曲げられて、迂回して地球に届くんですね。それを観測すると、そこに「見えない重力源がある」とわかるそうです。

加藤 この暗黒物質と暗黒エネルギーは気になりますよねー。

黒田 暗黒エネルギー（ダークエネルギー）のほうは、宇宙が加速膨張していることがわかって、「未知のエネルギーがあるはずだ」という話になったんですよね。

加藤 宇宙の膨張は、真上に投げたボールがどんどん高くなっていくのと同じようなことだから、本来なら徐々に減速するはず。それが途中から加速するのは、ものすごく奇妙なことだよね。

黒田 その加速膨張が本当だとすると、アインシュタインの「宇宙定数」が実は正しかったかもしれない、という……。

加藤 もともとアインシュタインは、宇宙が膨張も収縮もせず、永遠に変わらない静的な空間だと信じていたんだよね。ところが自分で考えた一般相対性理論の方程式を解くと、宇宙がいずれつぶれてしまう計算になってしまう。そこで、宇宙を静的に保つために、宇宙の収縮を押し返すような力があるはずだと考えた。それが宇宙定数だったんだけど、ハッブルの観測で宇宙が膨張していることがわかったので、自分の間違いを認めてその定数を引っ込めたんだよね。

黒田　私、なぜアインシュタインが宇宙定数を加えなきゃいけなかったのか、大学時代に調べたことがあるんですよ。

加藤　ええっ、授業でそこまでやったっけ？

黒田　4年生のとき、同級生4人で集まって、宇宙論に関する勉強会を自主的にやってたんです。

加藤　真面目だなー。

黒田　どうしてそんなことになったのかよくわからないですけど、何かの拍子に「やろう、やろう」って盛り上がったんでしょうね。すごい秀才が2人いたので、ほとんど彼女たちに教わる感じでした。

加藤　で、宇宙定数が必要な理由はわかったんだ。

黒田　みんなでアインシュタイン方程式を囲んで（笑）、「ああだこうだ」と言ってるうちに、どういう計算をすると宇宙が潰れてしまうのかはわかった……はずです。もう忘れちゃいましたけど。その宇宙定数が蘇（よみがえ）るんだとしたら、もう一度ちゃんと勉強し直したほうがいいかも。

途方に暮れてしまう「場の量子論」の計算

加藤 それに限らず、大学時代に教わったことって、いまの物理学の最先端の話にもつながってるんだよね。

黒田 そうなんですよ。宇宙論のほうは暗黒物質や暗黒エネルギーの問題がわかったことで新しい時代を迎えましたけど、素粒子論も、ヒッグス粒子の発見でまた次のステップに進むじゃないですか。でも学生時代に素粒子論はあんまりやってないから、よくわからないのが悔しいです。

加藤 素粒子の研究室に行った人以外は、ほんの入り口のことしかやってないよね。

黒田 それでも、「場の量子論*」とかチョー難しかった。

加藤 授業で最初は自分なりの疑問とか出してついていこうとしたんだけど、最後のほうはただ板書を写してるだけ(笑)。まー、難しかったよね。計算が、腹が立つぐらい複雑で。

黒田 私も難しさを懐かしく思うだけで、意味はさっぱり(笑)。あ、「量子力学Ⅱ」のノートを持ってきてますね。

加藤 この授業も初めはがんばってたんだけど、この「ルジャンドルの微分方程式*」とか出

場の量子論
量子論に基づいて、さまざまな性質を帯びた空間(「場」)を扱う素粒子物理学の基礎的な理論。1929年、ドイツの理論物理学者ハイゼンベルクとオーストリア生まれのスイスの物理学者パウリによって発表された。

ルジャンドルの微分方程式
18～19世紀のフランスの数学者ルジャンドルにちなんだ微分方程式。この微分方程式の解は「ルジャンドル関数」と呼ばれ、量子力学で現れる代表的な特殊関数のひとつである。

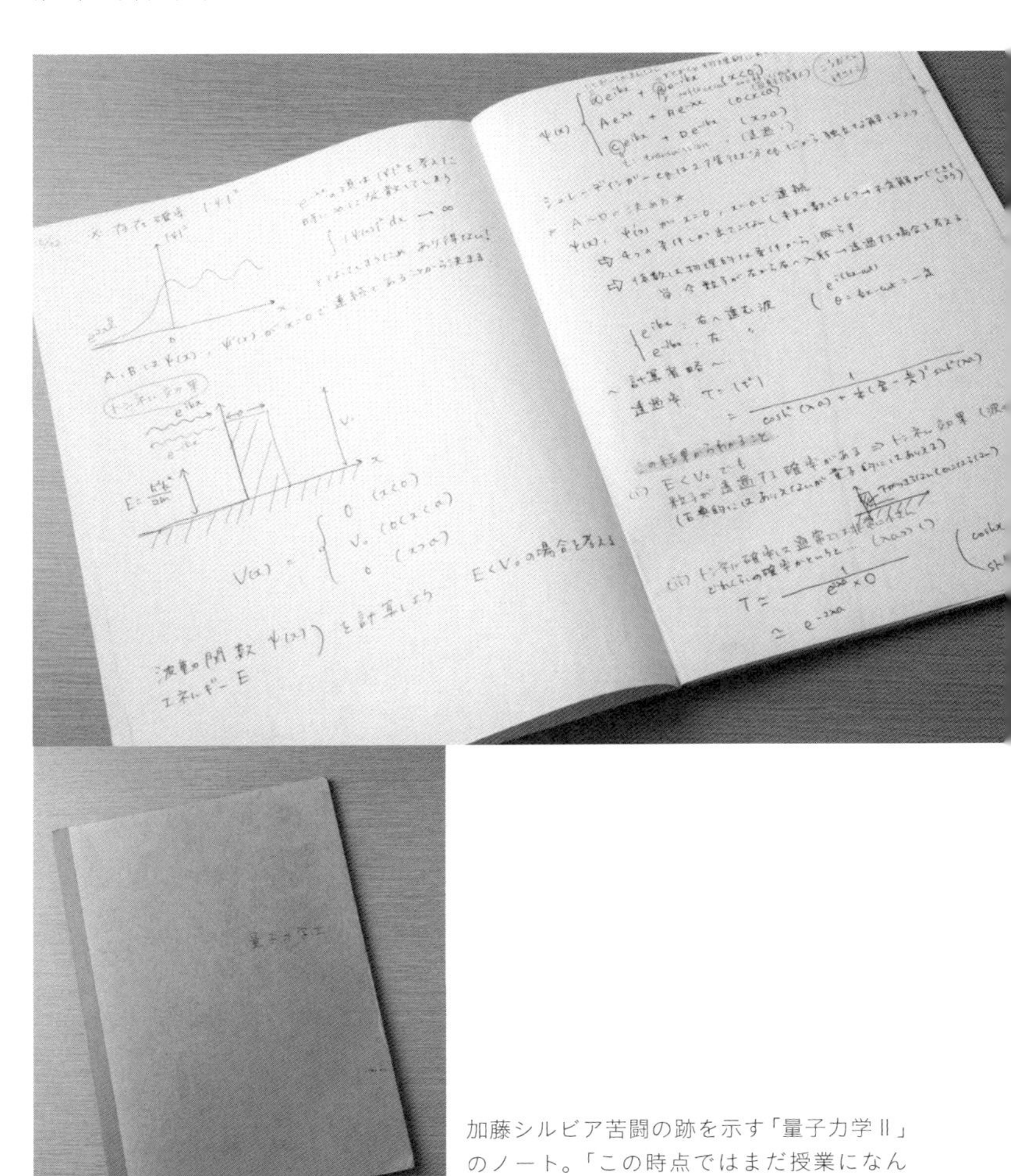

加藤シルビア苦闘の跡を示す「量子力学 II」のノート。「この時点ではまだ授業になんとかついていっていたんですが、後半力尽きて、ノートも途中で終わっています」

てくる頃には、大嫌いになってましたね。

黒田 あー！　完全に忘れてたけど、そんなの、あったあった。うわー。

加藤 これ見たときは、中学校で習った「二次方程式の解の公式」を思い出したな。あのときは「なんでこんなにきれいじゃないんだろう、この公式は」って思ったけど、それと似た気持ちになりましたね。

黒田 たしかに、もうちょっとシンプルにならないんですか？　という感じ（笑）。

加藤 それこそ「F=ma」みたいに単純な式からいろいろな問題が解けると気持ちがいいんだけど、こういうのが出てくるとゲンナリしちゃう。もちろん、これを発見したルジャンドルさんはとても偉い人なんですけど。

黒田 量子力学や素粒子論は、何十年もかけて大勢の研究者が理論を出し合いながら作り上げてきたものだから、それを一気にまとめて教えられても追いつかないですよね。

加藤 そうなのー。偉大な人たちの汗と涙の結晶だってことはわかるんだけど、場の量子論だけでも、こういうのが次から次へと出てきて、自分が何の計算をしてるのかわからなくなっちゃう。式の規模が大きくなりすぎて、自分がいまどこにいるのか、羅針盤を見失う感じだよね。簡単に言うと、途方に暮れる（笑）。

黒田 場の量子論の授業は、先生も最初から全員に理解させるのはちょっと諦めてるような感じがありましたよ。「これは難しいから、わかる人だけわかれば」みたいな雰囲気をヒシヒシと感じてました。でも、こういうのをうれしそうにバリバリ計算して解いちゃう人たちも何人かいて、こういう人たちがいずれ理論物理学者になったりするんだろうな、と。
加藤 だよねー。（ノートをめくりながら）ほらほら、私なんか、この量子力学での「ユニタリー行列」とか「ゲージ変換」のあたりで息絶えてるもん。
黒田 ノート、ここで終わってますね。
加藤 これ1月4日だから、まだ1カ月ぐらい授業はあったはずなのに、あとは真っ白。いやー、よく卒業できましたね（笑）。

「スピンホール効果」とは!?

黒田 でも卒業研究は量子力学関係だったんですよね？　すごいと思います。
加藤 スピンホール効果は、そんなに難しい話じゃないのよ。粒子の「スピン」を使うから量子力学が関係してくるというだけで。
黒田 古典力学には、「ホール効果」というのがありますよね？
加藤 うん、それと似た話。えーと、（ホワイトボードに図を描きながら）ホール効果というのは、電流に対して垂直に磁場をかけると、電流と磁場の両方に直交する方向に起電力が現れる現象だよね。つまり、電場を打ち消す方向に電子が移動する。とくに半導体素子にこれが応用されているわけです。

黒田 はい、先生（笑）。

加藤 いやいや、うろ覚えで話してるからテキトーに聞いてほしいんだけど（笑）。で、量子力学では、電子に上向きのスピンと下向きのスピンがあると考えるじゃないですか。電子は、地球が太陽のまわりを回るように、原子核のまわりをクルクル回ってるわけだけど、地球が自転しているのと同じように、電子自身も回転しているように見える。それが「スピン」と呼ばれるもので、それには上下2つの方向があるわけです。

黒田 そのスピンが、磁力を生み出す根本なんですよね。

加藤 うん、そんな感じ（笑）。とりあえず、電子のスピンは磁力と関係があるということだけ知ってれば大丈夫じゃないかな。スピンホール効果というのは、非磁性体の金属や半導体に電流を流したときに、その電流と垂直の方向に磁気の流れが発生する現象のこと。なぜそうなるかというと、スピンが上向きの電子が上、下向きの電子が下に集まって蓄積されるからなのね。電流と直交する方向の上と下に電子が溜まるから、電子スピンの流れ、つまり磁気の流れが生まれるわけ。

対談中、突然ミニ講義を始めた加藤シルビア。「ホール効果」について熱く語る。図と式がすらすら出てくるのに黒田有彩は思わず驚く。

黒田 なるほど。

加藤 これまで、非磁性体の中にスピン流（磁気の流れ）を発生させるには強い磁石が必要だと思われていたんだけど、このスピンホール効果を利用すると、電流でそれをコントロールできるんですよ。で、コンピュータは「0」と「1」の二進法で計算するでしょ？ そこで、この上向きスピンの電子と下向きスピンの電子を「0」と「1」に対応させれば、パソコンの記憶媒体なんかにも使えるわけです。スピン流には電流みたいにジュール熱の損失がないので、うまくいけば、ほとんど電力の要らない省エネのデバイスを作れるようになる、と。

黒田 すごいじゃないですか！

加藤 私がその理論を発見したわけじゃないからね（笑）。卒業研究では、この理論を理想的な状態に当てはめたとき、本当に抵抗がなくなるかどうかをコンピュータでシミュレーションしたんですよ。でも、これが大変で。コマンドを1回入力したら、計算に5時間ぐらいかかるの。

黒田 コンピュータでそんなにかかるんですか！

加藤 だから、入力作業と計算で、1日に1回しかできないわけ。だから、「ちゃんと思ったとおりのグラフができるといいな～」と思うじゃないですか。でも、5時間待った挙げ句に「エラー」が出るのね（笑）。
黒田　一発でうまくはいかないですもんねぇ。
加藤　しょうがないから、どこが間違ってたのかを探して修正をかけて、Enterキーを押して家に帰るんだけど、翌日に研究室に行くと、またエラーが出ててガッカリ。そんなことの繰り返しでしたね。研究発表の2カ月ぐらい前から始めたんだけど、なかなか結果が出なくて焦りましたねー。パソコンがフリーズでもしようものなら、もう、「キャーッ」と悲鳴を上げちゃう感じ。まわりの人たちに、「絶対に誰も触らないでね、このパソコン！」ってしょっちゅうお願いしてた（笑）。最終的には、けっこう達成感のある研究発表ができましたけど。
黒田　お茶大の物理学科は卒論を提出するのではなく、教授陣や学生たちの目の前で研究発表するスタイルだから、緊張しますよね。

わずかな空間の歪みを検出する「マイケルソン干渉計」

加藤　黒田さんの卒業研究は重力波だったんだよね？　2014年の3月にアメリカの研究グループが「原始重力波」を発見したというニュースが流れたけど、あれとも関係があるんですか?

黒田 南極で観測を行っている「BICEP2」という研究グループですよね。その後、あの発表は間違いだった可能性が否定できないということで、まだ「発見」とは確定していないんですが、私の卒業研究もそれとつながるものです。だから、3月に「発見」というニュースが流れたときはドキドキしました。

加藤 そもそも重力波ってなんだっけ。さっきの「重力レンズ」とはまた違う話だよね?

黒田 どちらもアインシュタインが一般相対性理論で予言したものですけど、すでに実証されている重力レンズと違って、重力波はまだ直接観測されてないんです。質量のある物体が運動すると必ず生じると考えられているのが重力波なんですけど、その波長があまりにも小さいので、検出はすごく難しいんですね。

加藤 じゃあ、私がこうして口や手を動かしても、重力波が出てるのね?

黒田 理論的にはそうなんですけど、ものすごーく小さい波なので、いまの技術でそれを確かめることはできません。重力波は物体の質量や運動の速度が大きいほど強くなるので、*連星中性子星の合体や*超新星爆発みたいな巨大な天体現象からの重力波をキャッチする試みがいろいろと行われているんですが、そういう重力波でも、波長は、地球と太陽の距離を水素原子1個分ぐらい動かす程度しかないんですよ。だから、すごく精度の高い観測装

連星中性子星の合体
重力波は、ブラックホールや中性子星のような非常に強い重力を持つ天体が激しく運動す

置が必要になるんです。

加藤 へえ！　それじゃあ、私から出る重力波なんてお話にならないね。地球から太陽までの平均距離は1億5000万キロメートルぐらいでしょ？　それが原子1個分動くかどうかなんて、どうやったら確かめられるんだろ。

黒田 「マイケルソン干渉計」という装置を使います。レーザーを真ん中のスプリッターで2つに分けて、直交する方向に発射すると、その先にある鏡に反射して何回か折り返すんですね。重力波が来ていなければ、2つのレーザーが走る距離は変わりません。でも重力波をキャッチすると、片方の腕が伸びて片方の腕が縮むんです。なぜかというと、重力波は進行方向に直交する2つの方向に（手で輪の形を作って）こうやって伸びたり縮んだりを繰り返しながら進むんです。

加藤 縦長の楕円形になったり、横長の楕円形になったりするのね。

黒田 だから空間の歪みも、ある方向が縮むと、それと直交する方向が伸びるんです。

加藤 それで、レーザーを直交する2方向に飛ばすんだ。

黒田 はい。伸びた空間を走ったレーザーのほうが往復するのに時間がほんのちょっと余計にかかるので、それを確かめられれば、重力波をキャッチしたことがわかるんです。

るときに多く放射される。そのため連星中性子星の合体、ブラックホールと中性子星連星の合体は、重力波を検出するための最も有力な重力波源とされている。

超新星爆発
巨大な質量を持つ恒星が、その一生の最後に起こす大爆発。有力な重力波源のひとつ。

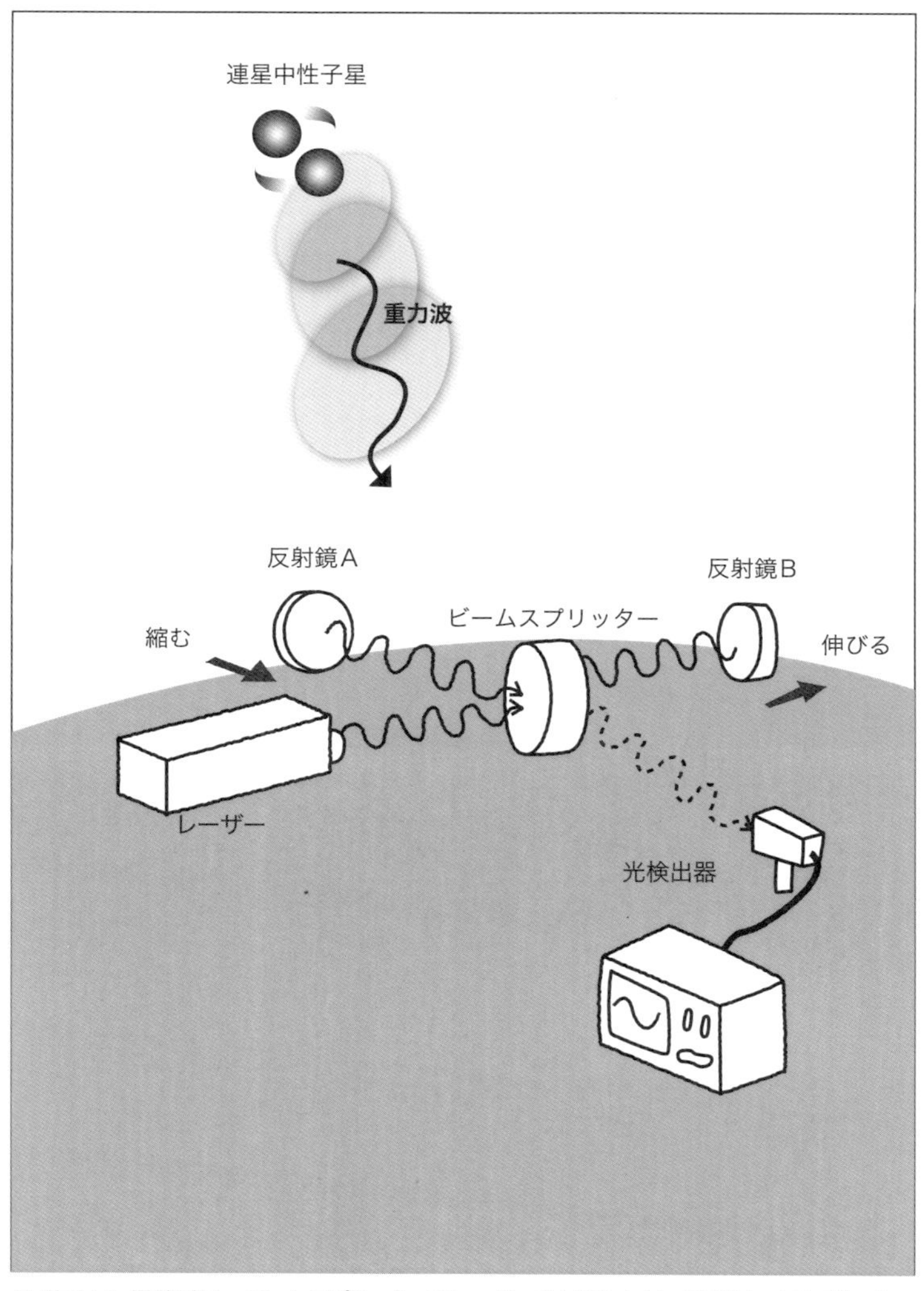

マイケルソン干渉計は、ビームスプリッターでレーザーをL字にわけ、再びビームスプリッターに戻ってきたレーザーを干渉させる装置。ビームスプリッターの一方に置かれた光検出器上では干渉縞が表れる。干渉計に重力波が到来すると一方の腕の光路長が伸び、もう一方が縮むため、干渉縞の明暗が変化する。よって、この明暗を観測することで重力波が検出できる。アメリカの物理学者アルバート・マイケルソン(1852～1931)が発明した。

重力波望遠鏡の国際競争

加藤 なるほどー。でも、重力波以外の振動とかの影響で鏡が動いたりもするだろうから、そのほんのちょっとの歪みを計測するのはすごく難しそう。

黒田 そうなんですよ。地面の揺れや温度の影響などでも鏡が動くので、そういうノイズと重力波による信号を見分けるのが、この実験の重要なテーマです。私が4年生のときに研究させてもらったのは、三鷹市の国立天文台にある「TAMA300」という重力波望遠鏡なんですけど、ひたすら「ノイズをいかに減らすか」ということに取り組んでいました。

加藤 毎日、その国立天文台に通ってたの？

黒田 週2回ぐらいです。私自身はそんなにガッツリ実験をやるわけじゃなくて、「重力波とは何か」「それをどう検出するか」という講義が大半でした。とにかく宇宙に関わることがしたかったし、天文台は子ども向けのイベントなんかもあるので楽しかったですね。

加藤 そこで実験をしている研究者は、毎日、何をしてるんだろう。重力波が届くのをじっと待ってるだけじゃないですよね？

黒田 届いたときにその信号がちゃんとわかるように、検出器の感度を上げる努力をしています。小さい干渉計を作ってシミュレーションをしたり。私がお世話になる前の話ですけど、TAMA300は2000年に当時の世界最高感度も達成したんですよ。

加藤 そうか。重力波を検出しなくても、感度を上げることが実績になるのね。しかし、世界最高感度でも検出できないくらい、重力波は弱いということか。

黒田 TAMA300の感度でも、銀河系内の連星中性子星から来る重力波はキャッチできるはずなんですけど、それって数十万年に1回ぐらいしか起こらない現象だから、よっぽど運が良くないとダメなんです。でも銀河系の外の広い宇宙では1年に何度も起きてる現象なんですね。それをキャッチするには、感度を2ケタ高めないといけません。

加藤 じゃあ、もっと距離の長い検出器を作る必要があるんだ。

黒田 はい。ほかにも感度を高める工夫はいろいろあるんだけど、レーザーを飛ばす距離が長ければ長いほど感度は良くなります。そこで新たに計画されているのが、神岡鉱山の地下に建設されてる大型低温重力波望遠鏡「KAGRA」という重力波望遠鏡。私が学生の頃は「LCGT」という名前で呼ばれてましたけど、最近、この愛称がつけられたみたいです。

加藤 ああ、ちょっとニュースで見たことある。最近、トンネル工事が終わったとか。

黒田 長さは、片腕が3キロメートルずつだから、TAMA300の10倍ですね。アメリカには片腕4キロの「LIGO」という重力波望遠鏡があるんですけど、地下に造られるK

黒田有彩が大学時代に通った国立天文台の重力波実験棟。レーザー干渉計TAMA300は300メートルの“腕”（管）を持っている。横には自転車が置かれ、学生たちはそれで移動する。©国立天文台

ＡＧＲＡは、地上にあるＬＩＧＯよりも地面の震動が少ないので、その分、感度が良くなります。あと、鏡をマイナス250度まで冷却するのも、ＫＡＧＲＡの特徴。温度が高いほど「熱雑音」というのが生じて鏡が揺れるので、低温のほうが感度が高まるんですよ。

加藤 どっちが早く重力波をつかまえるか、競争してるんだ。

黒田 ヨーロッパでも、イタリアとフランスが共同で「ＶＩＲＧＯ」という実験をやっているので、競争は激しいですね。でも、これは競争してる一方で、協調作業でもあるんです。というのも、一カ所で重力波をキャッチしたとしても、それがどの方向から来てるかはわからないんですよ。同じ重力波を三カ所で検出すると、方向が特定できる。重力波研究は「あることがわかったらそれでおしまい」というものではないので、どこかが最初に検出に成功しても、ほかの実験が無駄になるわけじゃないんです。

ビッグバンの前に宇宙が急膨張した？

加藤 重力波を見つけただけなら、「アインシュタインは正しかった」というだけで終わっちゃうもんね。

黒田 それだけでも重要な発見ではありますけど、重力波が存在すること自体は、もう間接的に証明されていますからね。直接検出に成功した後は、それを利用した「重力波天文学」の発展が期待されています。

加藤 可視光や電波やX線などの電磁波で見るんじゃなくて、重力波を使って天文現象を見るわけですね。

黒田 はい。天体望遠鏡って、最初は星から届く可視光を見るものでしたけど、電波望遠鏡やX線望遠鏡などで可視光とは波長の違う電磁波をキャッチすることができるようになって、それまで見えなかった天体や現象も観測できるようになりましたよね。それと同じように、重力波でしか見ることができない現象もいろいろあります。その中でもとくに重要なのが、さっき話に出た原始重力波。

加藤 ふつうの重力波と何が違うんですか？

黒田 宇宙が生まれた直後に発生したと考えられているのが、原始重力波です。ビッグバンの前に宇宙が急膨張したとする「インフレーション理論」では、そのときに重力波が発生して、それがいまでも宇宙全体に広がっていると予言しているんですよ。

加藤 インフレーション理論って、日本の佐藤勝彦*さんも提唱者のひとりで、正しいと実証されればノーベル賞に値すると言われてるよね。宇宙はビッグバンから始まったと思ってる人も多いけど、その理論によると、ビッグバンの前にインフレーションが起きたと。

佐藤勝彦
宇宙物理学者(1945〜)。香川県生まれ。インフレーション宇宙論の提唱者。京都大学理学部物理学科卒業。同大学大学院で博士号を取得。東京大学教授、自然科学研究機構機構長などを歴任。『宇宙は無数にあるのか』などの著書がある。

黒田 ものすごーく短い時間に、ものすごーく大きく膨張したという理論ですよね。数字で言ってもピンとこないんだけど、10のマイナス36乗〜34乗秒ぐらいのあいだに、宇宙の体積が10の43乗倍にまで膨らんだそうです。

加藤 呆然としちゃうような話だよね。

黒田 理論が発表された当時は「検証不可能」と思われていたそうですけど、観測技術の進歩で、もう少しで証拠に手が届きそうになってるんです。もし原始重力波が検出されれば、初期宇宙でインフレーションが本当に起きたことが裏付けられます。

加藤 でも、まだ重力波は直接検出できてないんだよね？　それなのに、一度は「原始重力波を発見」と発表されたのはどういうこと？

黒田 それを発表したＢＩＣＥＰ2の実験は、重力波を直接検出するものじゃないんです。原始重力波が存在すると、宇宙マイクロ波背景放射*にその痕跡のようなものが見つかるはずなんですね。「Ｂモード」という渦巻き型の偏光なんですけど、それを見つけることで、間接的に原始重力波の存在を証明しようという話。

加藤 なるほど。犯人を捕まえるんじゃなくて、犯人の指紋を探すようなものか。

黒田 そうですね。

宇宙マイクロ波背景放射
宇宙のあらゆる方向から観測される温度約３Ｋの電磁波。宇宙誕生後約38万年後の「宇宙の晴れ上がり」のときの光が、マイクロ波として観測されているもの。１９６４年にアメリカのベル研究所のペンジアスとウィルソンによって発見され、ビッグバンの有力な証拠のひとつとなっている。

「宇宙の晴れ上がり」より前は重力波でしか見られない

加藤 日本のKAGRAや欧米の重力波望遠鏡で、原始重力波を直接検出することはできないんですか？

黒田 地上の重力波望遠鏡では、感度に限界があるので、そこまでは無理だと思います。でも、それを目指すもっと大きな実験計画もあるんですよ。宇宙空間に人工衛星を打ち上げて、巨大なレーザー干渉計を作っちゃうんです。

加藤 大胆な発想ですねー。

黒田 NASA*（アメリカ航空宇宙局）とESA（欧州宇宙機関）が進めている「LISA」計画では、一辺の長さがなんと500万キロメートル。日本がKAGRAの次に計画してる宇宙重力波望遠鏡「DECIGO」は、一辺が1000キロメートルになる予定です。

加藤 日本のほうは、ずいぶん短いんですね。いや、KAGRAの3キロメートルに比べたら、ものすごく長いけど。

黒田 重力波にはいろいろな周波数があると考えられているので、検出器のサイズもいろいろあったほうがいいんです。DECIGOは、地上のレーザー干渉計とLISA計画の中

*NASA
アメリカ合衆国政府が管轄する宇宙開発担当の連邦機関。1958年にそれまでの国家航空宇宙諮問委員会をもとに設立。人類初の月面着陸で有名なアポロ計画や、宇宙ステーション建設のスカイラブ計画、スペースシャトルの開発など、宇宙開発において多くの功績をあげてきた。現在は国際宇宙ステーションの運用、ロケットや宇宙船の開発、宇宙探査などに取り組んでいる。

間ぐらいの周波数帯をキャッチすることを狙ってるようですね。

加藤 大きければいいってもんじゃないわけね。しかし、そんなに壮大な実験をしてまで見つけたいものなのね、原始重力波って。

黒田 電磁波では絶対に見ることのできない時代の宇宙の姿が見えると考えられているので、宇宙研究には欠かせないんじゃないでしょうか。……宇宙って、遠くを見れば見るほど昔を見てることになりますよね？

加藤 はい。光が届くのに時間がかかるから、たとえば私たちが見てる太陽は、8分ぐらい前の太陽だよね。1万光年離れた星から届く光は1万年前に向こうを出発してるから、それがいま地球で見えたとしても、まだその星がそこにあるかどうかはわかりません。

黒田 宇宙は138億年前に生まれたと考えられているので、もし138億光年向こうを望遠鏡で見ることができたら、宇宙が生まれたばかりの姿が見えるはず。でも、可視光や電波などの電磁波では、宇宙が生まれて38万年後からしか見ることができないんですよね。

加藤 ものすごい高温状態だったから、陽子が電子をつかまえることができなかったんですよね。電子が自由に飛び回っていると、光はそれに邪魔されてしまう。

宇宙が生まれてから38万年間は、光がまっすぐに進めなかったから。

黒田 でも、宇宙が膨張するにつれて温度が下がるので、やがて電子は原子核とくっついて原子を作りました。そうなると、光がまっすぐに進めるので、それ以降の光は地球にも届きます。これが「宇宙の晴れ上がり」と呼ばれるもの。

加藤 晴れ上がるまでに、38万年かかったわけですね。だから、それまでの様子は望遠鏡で見ることができない。

黒田 ところが、重力波は電子に邪魔されないんですよ。「宇宙の晴れ上がり」より前に発生した重力波も、そのまままっすぐ伝わるんです。だから、それを重力波望遠鏡でキャッチできるようになれば、電磁波では見えない宇宙誕生直後の様子を知ることができるんですね。

「邪馬台国」と「インフレーション」

加藤 具体的には、何がわかるんだろう。原子重力波があることさえわかれば、インフレーションが実際に起きたことは裏付けられるんですよね？

黒田 そうなんですけど、いまはインフレーション理論にもたくさんバリエーションがあるので、単に「原始重力波があった」というだけでは、その中のどれが正しいのかわからないらしいんですね。でも、原始重力波の性質を詳しく分析すると、たくさんある理論の中から、観測データに近いものを絞り込むことができます。インフレーションがどんなふうに起きたのか、つまり宇宙がビッグバンの前にどう変化したのかが、原始重力波の研究によって明らかになるわけです。

加藤 それは面白いですねー。古代史の謎を解くみたいな感じでワクワクするじゃないですか。日本史で言うと、どうやら邪馬台国という卑弥呼の国が存在したらしい、というのがインフレーション理論だよね。でも、仮にそれが実在したとしても、どこにあったのかわからない。いまのインフレーション理論は、九州説と近畿説のどちらが正しいのかわからない状態と同じということでしょ？

黒田 そうそう、そんな感じです。ただしインフレーション理論のバリエーションは100以上あるらしいので、邪馬台国論争より大変ですけど（笑）。

加藤 そんなにあるんだ！　でも、邪馬台国の所在地も昔は数十カ所の候補地があったらしいから、あんまり変わらないか。もちろん、「邪馬台国なんかなかった」という説もあるんだろうけど、インフレーションだって本当にあったかどうかまだわからないもんね。そういうふうに考えると、文系の人にも興味を持ってもらえるかも。

黒田 歴史を知りたいと思うのは、理系も文系も同じですよね。「自分たちがどこから来たのか」は、誰だって気になります。で、仮に「日本という国はどうやって始まったのか」

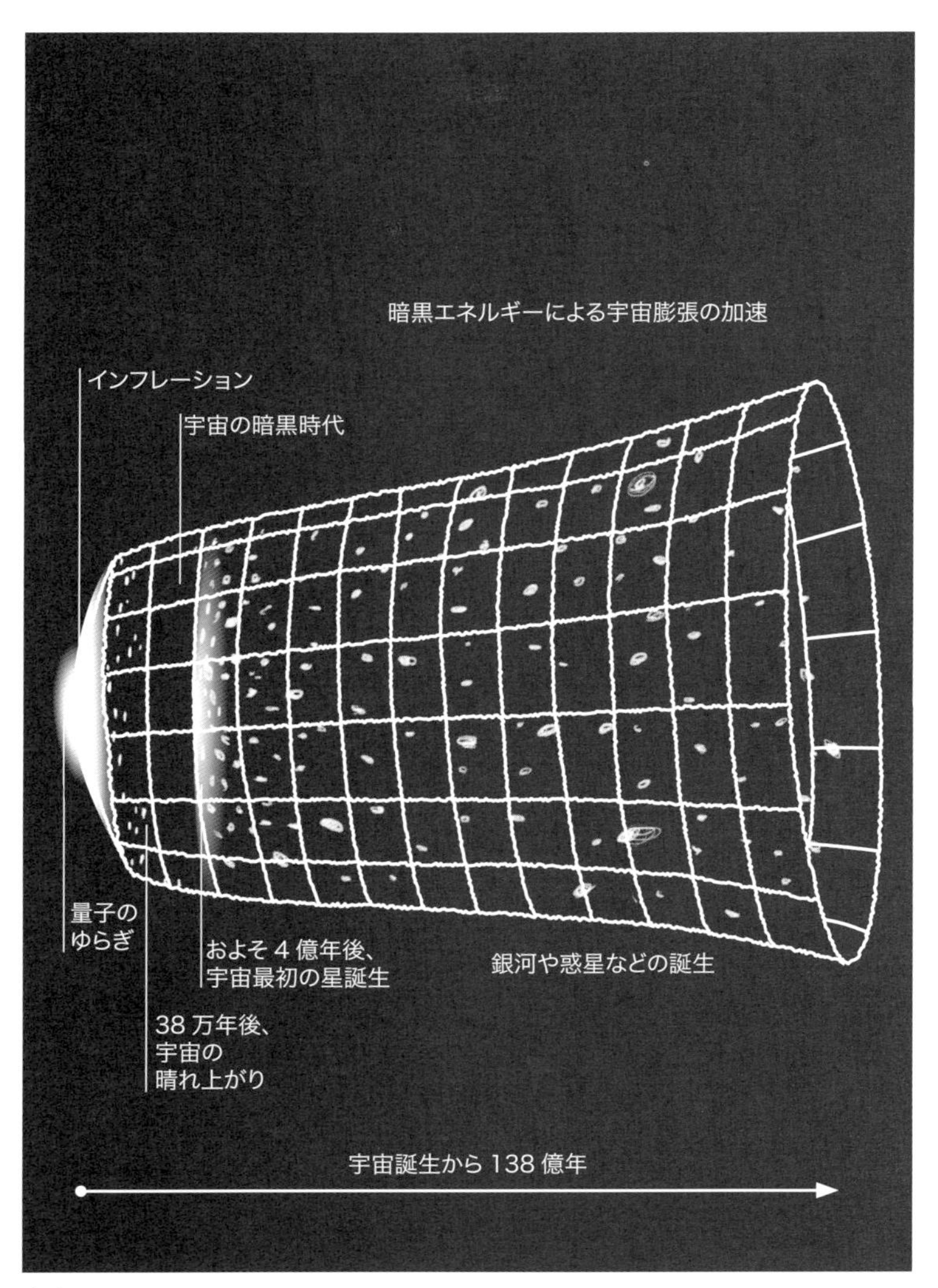

宇宙のインフレーション
なぜビッグバンが起こったのか、なぜ宇宙は膨張を始めたのか、といったビッグバン理論では説明できないことを補足するのが「インフレーション理論」。「無」からトンネル効果によって生まれた直後、素粒子より小さな10^{-34}cmの大きさだった宇宙は、高い真空のエネルギーによってインフレーションを起こし、その際の真空の相転移によって熱エネルギーが解放されビッグバンが起こったという。

が解明されても、その先には「じゃあ人類の社会はどうやって始まったのか」という疑問があるし、それがわかれば次は「地球の生命はどうやって始まったのか」「地球はどうやって生まれたのか」……となって、最後は「宇宙はどうやって始まったのか」という話になりますよね。それが物理学の最大のテーマのひとつなんだから、ある意味で、理系も文系も深いところではつながってるんじゃないかな。

加藤 宇宙が始まらなきゃ、地球も日本も始まらないもんね。その最大の謎の鍵を握るのが原始重力波君なのに、引きこもってなかなか出てこない（笑）。これは出てきてもらいたいわー。

黒田 まあ、出てきてはいるんだけど、なかなか姿が見えないんですよね。

加藤 そっか。私は透明人間を作る研究がしたかったけど、こっちは透明人間みたいな重力波君を見えるようにしなくちゃいけない。

黒田 その透明人間を可視化するのが、重力波望遠鏡というわけです。

「消えた反物質の謎」とは……？

加藤 それにしても、宇宙は謎が多いですよねー。その重力波君のほかにも、暗黒物質君と

カミオカンデ
岐阜県飛騨市神岡町の神尾鉱山内に建設されたニュートリノ検出装置。1987年、大マゼラン星雲で起こった超新星爆発のニュートリノを世界で初めて検出した。現在はより大規模なスーパーカミオカンデ、カミオカンデの跡地に建設されたカムランドが観測を続けている。

ニュートリノ
電気的に中性で、ごく小さな質量を持つ素粒子。ほかの物質とほとんど反応しないで通り抜けてしまうため、遠い宇宙や太陽の中心で発生したニュートリノ

か暗黒エネルギー君とか、正体のわからないキーマンがいろいろいるわけでしょ？　早く一人ひとり捕まえて、事情聴取したい気分だよね。

黒田　暗黒物質は、ＫＡＧＲＡと同じ神岡鉱山の地下にあるＸＭＡＳＳという実験装置で検出しようとしています。

加藤　神岡鉱山って、*カミオカンデもあったんだよね？

黒田　はい。超新星爆発からの*ニュートリノを検出して、カミオカンデ実験のリーダーだった*小柴昌俊さんが２００２年にノーベル物理学賞を受賞したんですが、いまはそれがカムランドという別の装置になっていて、カミオカンデを巨大化したスーパーカミオカンデが引き続きニュートリノの観測をしているそうです。

加藤　そうか、ニュートリノ君という謎の人物もいましたねー。

黒田　素粒子物理学の分野では、すごく重要な存在のようです。

加藤　宇宙の謎とも関係があると聞いたけど。

黒田　どうやら、「消えた*反物質の謎」を解く鍵になると期待されてるらしいんですが……。楽しみです。

加藤　また難しそうな（笑）。反物質というのは、反粒子でできた物質のことだよね。電子であれ、クォークであれ、粒子には必ず電荷のプラスマイナスが逆の反粒子が存在するって

は、ほとんどそのまま地球に到達する。

小柴昌俊
物理学者。愛知県生まれ。（１９２６〜）。１９８７年、自身で設計・監督をしたカミオカンデを用いて世界で初めて自然発生したニュートリノを観測した。その功績が認められ２００２年にノーベル物理学賞を受賞。ニュートリノ天文学というジャンルを切り開いた。

反物質
電子には陽電子、陽子には反陽子、中性子には反中性子のように質量は同じだが、反対の電荷を持つ粒子を反粒子と言い、反粒子でできた物質を反物質と言う。反粒子が粒子と出合うと「対消滅」によって消え去り、粒子と反粒子がもともと持っていたエネルギーが残る。

いうのは、大学でも教わったような気がする。たとえば電子は電荷がマイナスだけど、その反粒子の陽電子は電荷がプラス。

黒田 はい。だから、理論的には、反粒子でできた物質世界が存在してもいいんですよね。陽電子と反クォークで反原子ができて、反原子で反分子ができて、反分子を集めれば反物質を作ることができる。反太陽、反地球、反テーブル、反シルビアさん、反黒田有彩……という世界があり得るんです。

加藤 でも現実の宇宙には、そんな「反世界」はないのね。

黒田 反粒子は生まれたり消えたりしてるけど、物質世界を構成できるほど安定的には存在しないそうです。

加藤 それが不思議なことなの？

ニュートリノのビームを東海村から神岡に飛ばす実験も

黒田 ビッグバンの直後には、粒子と反粒子が同じだけ生まれたはずなんですよ。でも、粒子と反粒子は出合うと消滅してエネルギーに変わってしまうので、なくなってしまいました。もちろん粒子も一緒に消滅するので、どっちかと言うと、「反物質が消えたこと」じゃなくて、私たちみたいな「物質が残っていること」が不思議なんだと思います。

加藤 粒子と反粒子が同じだけ生まれてたら、星も銀河も人間も生まれなかったんだ。

黒田 でも、ちょっとだけ物質のほうが反物質よりも多かったんですね。計算すると、10億分の2だけ物質のほうが多かったとか。

加藤 それ、気持ち悪いよねー。物理学って対称性が大事だから、そういう非対称があるのって美しくないと思っちゃう。

黒田 その非対称を理論的に説明しようとしたのが、2008年にノーベル物理学賞を受賞した「小林・益川理論*」だったんですって。

加藤 そうなんだ。言葉は聞いたことあるけど、意味わかってなかった（笑）。

黒田 私もです。当時はまだ学生だったので、物理学科でも「小林さんと益川さんがノーベル賞を取った！」と大騒ぎになったんですよ。「自発的対称性の破れ」の南部陽一郎さん*も同時に物理学賞を受賞したので、授業でもそれぞれの理論を簡単に説明されたはずなんですけど、よくわかりませんでした（笑）。

加藤 名前としては「自発的対称性の破れ」のほうが粒子と反粒子に関係ありそうだけど、そうじゃないのね。

黒田 「自発的対称性の破れ」はヒッグス粒子に関係あるそうですけど、それ以上は私に聞

小林・益川理論
1973年、日本の理論物理学者、小林誠（1944〜）と益川敏英（1940〜）によって発表された、CP対称性の破れを説明するには6種類のクォークが必要という理論。のちに実験によってクォークは6種類あることが確認された。

南部陽一郎
日本生まれの理論物理学者（1921〜）。1960年代に「量子色力学」「自発的対称性の破れ」の分野の研究、さらには「弦理論」研究でその後の素粒子理論研究の基礎を作り上げた。1970年にアメリカへ帰化。2008年に「自発的対称性の破れの発見」でノーベル物理学賞を受賞。

かないでください（笑）。「小林・益川理論」のほうは「CP対称性の破れ」に関するもので、物質と反物質に微妙な違いがあることはこれで理解できるらしいんですが、それだけでは10億分の2の差は説明しきれないんですね。

加藤 そこでニュートリノの出番？

黒田 はい。ニュートリノの性質にはまだまだ不明なことがたくさんあるんですが、もし、ニュートリノと反ニュートリノが入れ替わることができるとしたら、宇宙初期に物質が10億分の2だけ反物質より多くなった理由が説明できるといわれています。そこで、ニュートリノの性質を調べるために、茨城県東海村の「J－PARC」で作ったニュートリノビームを、295キロメートル先のスーパーカミオカンデに撃ち込む実験も行われているそうですよ。

加藤 すごいね、神岡鉱山。重力波や暗黒物質を待ち受けながら、ニュートリノも受け止めてるなんて。「宇宙の謎、まとめて引き受けます！」みたいな感じで、かっこいいじゃないですか（笑）。

黒田 たしかに。宇宙大好きな私としては、一度は行ってみたいです。

加藤 難しいことはよくわからないけど、そういういろんな実験が行われてると聞くと、ワクワクしてきますね。「重力波を世界で初めて直接検出！」とか、「ついに暗黒物質をキャッチ！」とか、「消えた反物質の謎を解明！」とか、いつビッグニュースが飛び込んでくるかわからない。そのときテレビでちゃんとわかりやすく伝えられるように、私もいまから勉強しておかなくちゃ。

第4章

やっぱり私は宇宙に行きたい!

「宇宙やべぇ」と思わされたNASA見学

黒田 物理学科に入るときは宇宙のことを「知りたい」と思っていたんですけど、私はもともと宇宙に「行きたい」子どもだったんですよね。というか、いまでも行きたい。

加藤 私も中学生のとき「宇宙飛行士になりたい」と思った。あれは、どうしてだったんだろう。何かきっかけとかありました？

黒田 小さい頃から漠然と憧れてたんですけど、いちばん強烈なきっかけは、中学2年のとき、アメリカのNASAに行ったことです。

加藤 すごい、NASAに行ったことあるんだ！

黒田 作文コンクールの最優秀賞の副賞が「アメリカ9泊10日旅行　NASA見学、フロリダ・ディズニーワールド」だったんですよ（笑）。まず中1のときに、スウェーデンとスイスに行ける作文コンクールに応募したら、最優秀賞に選ばれちゃって。それに味をしめて中2の夏休みに毎日新聞のコンクールにも応募したら、また最優秀賞。

加藤 自由研究から作文まで、子ども時代は賞を総ナメにしてたのね（笑）。

黒田 自由研究もそうでしたけど、これも母の全面バックアップが（笑）。前年の最優秀賞作品を取り寄せたりしてくれたので、傾向と対策はバッチリでした。

加藤 黒田家って……（笑）。

黒田 そのおかげでNASAの見学ができたんです。何を見ても興奮しちゃって、「宇宙やべぇ」って思いました。私が行ったマーシャル宇宙飛行センターは、スペースシャトルも作ってるロケット開発の聖地みたいなところなんです。宇宙飛行士が受ける訓練を体験するプログラムもありました。

加藤 じゃあ、無重力状態なんかも体験できたんだ。

黒田 猛スピードで回転する椅子にのって無重力に慣れるための機械があるんですけど、すごかったですよー。回転する方向が予測できないから、怖い怖い。私、ジェットコースターは大好きなんですけど、あれは途中で「やめてくれ～」と思いました。でもすごく楽しくて、あれ以来、本気で宇宙に行きたくなりましたね。

加藤 その体験は強烈でしょうね。

黒田 そのときからは、そのへんで「宇宙」という言葉が聞こえると、「私のこと呼んだ？」って振り返るぐらい宇宙を意識するようになりました（笑）。

応募要件を無視してＪＡＸＡの宇宙飛行士に応募

加藤　私も高校３年ぐらいまでは、かなり本気で行きたいと思ってたけど。

黒田　その後はそうでもないんですか？

加藤　行きたい気持ちはいまでもあるけど、ＪＡＸＡ*（宇宙航空研究開発機構）に応募して本物の宇宙飛行士になろうと思ったら、いろいろ条件が厳しいじゃないですか。

黒田　でも、大学の自然科学系学部を卒業して、自然科学系分野での実務経験が３年以上あればいいんですよ。

加藤　学部は問題ないけど、実務経験が。「自然科学系分野における研究、設計、開発、製造、運用等」って書いてあるし。

黒田　「等」だから、いろいろ拡大解釈できるじゃないですか（笑）。私、応募したことあるんです。

加藤　ＪＡＸＡの宇宙飛行士に!?

黒田　まだ大学生だったので、まったく条件を満たしてなかったんですけどね。

加藤　落ちるとわかってるのに、応募したの？

*ＪＡＸＡ　航空宇宙開発政策を行う日本の機関。２００３年にそれまでの日本の航空宇宙３機関を統合して設立された。静止衛星「ひまわり６号」の軌道投入や陸域観測衛星「だいち」、アポロ計画以来の大規模な月探査を行った「かぐや」等の打ち上げに成功している。２０１０年には前身のひとつであるＩＳＡＳが２００３年に打ち上げたはやぶさが世界で初めて小惑星からサンプルを持ち帰ったことで話題となった。

宇宙飛行士になるためには

応募条件
・大学（自然科学系）卒業以上であること
・自然科学系分野における研究、設計、開発、製造、運用等に3年以上の実務経験を有すること
・訓練時に必要な泳力（水着及び着衣で75m: 25m×3回を泳げること。また、10分間立ち泳ぎが可能であること）を有すること
・国際的な宇宙飛行士チームの一員として訓練を行い、円滑な意思の疎通が図れる英語能力を有すること
・身長：158cm以上190cm以下
・視力：両眼とも矯正視力1.0以上
・10年以上宇宙航空研究開発機構に勤務が可能であり、かつ、長期間にわたり海外での勤務が可能であること

選抜方法
・書類選抜→第一次選抜→第二次選抜→第三次選抜

採用時本給
・大卒　30才　約30万円
・大卒　35才　約36万円
・昇給：年1回　　賞与：年2回（6月、12月）

主な勤務地
・宇宙航空研究開発機構筑波宇宙センター及びNASAジョンソン宇宙センター（米国テキサス州ヒューストン）、搭乗ミッションが決定するとロシア・モスクワ近郊のガガーリン宇宙飛行士訓練センターへも出張します

平成20年度宇宙航空研究開発機構（JAXA）の「国際宇宙ステーション搭乗宇宙飛行士候補者募集要項」より一部抜粋

黒田 ＪＡＸＡの宇宙飛行士募集は10年に一回ぐらいしかなくて、しかも不定期なんですよ。だから、そのチャンスを逃すと、次はいつあるかわからない。そう思ったら、いてもたってもいられないというか……。ダメだとわかっていても、「ここに宇宙に行きたい人がいます！」っていうことだけは伝えたかったのかも。

加藤 熱意を示すことで、運命の糸をたぐり寄せたかったのね。

黒田 そんな感じです。以前、宇宙飛行士の星出彰彦*さんとお話しする機会があったんですけど、星出さんも大学4年生のときに宇宙飛行士の募集広告を見て、当時のＮＡＳＤＡ（宇宙開発事業団）に相談に行ったそうですよ。結局は応募を断念したそうですけど。

加藤 本気の人は、条件なんかかまっていられないんですね。

黒田 まあ、そうは言っても落ちるんですけどね（笑）。また応募したいけど、あれ以降、募集がありません。

加藤 私も「自然科学系アナウンサー」だと言い張って応募しようかな。

黒田 きっと大丈夫ですよ！　ＴＢＳには秋山豊寛*さんという前例もありますし。

加藤 たしかに。また局の企画で「宇宙を絡めて何かをしよう」という話が出たら、迷わず立候補しようと思ってはいるんだけど。

黒田 えー。うらやましい……。実現したら、一緒に連れてってほしいですぅ。

星出彰彦
1968年東京都生まれ。高校時代に、シンガポールの東南アジア・カレッジに留学。慶応大学を経て、宇宙開発事業団に就職。99年に3度目の挑戦で、宇宙飛行士として採用される。2008年、スペースシャトル・ディスカバリーに搭乗。ISS内で、日本の実験棟「きぼう」の設置を行う。2012年には、ISSに124日滞在する。現在、JAXA所属。

秋山豊寛
1942年東京都生ま

宇宙の感動はテレビじゃ伝わらない？

加藤 まあ、企画は口にするだけならタダですから（笑）。でも、テレビの仕事をしていてこんなことを言うのはおかしいかもしれないけど、もし宇宙に行って自分の目で見たら、その感動がテレビでちゃんと伝わるかどうかわからないと思うんですよ。

黒田 どういうことですか？

加藤 たとえばエベレストの頂上とか、アマゾンの奥地とか、自分で行くのは難しいけど、テレビで見るとなんとなく少し行ったつもりになれる感覚ってあるでしょ？　もちろん現場の雰囲気とテレビで見た印象のあいだにはギャップがあるんだけど、宇宙はそのギャップがどこよりも大きいような気がするの。「テレビでは伝わらない度」がいちばん高いというか。だからこそ、自分で行ってみたいのかもしれない。

黒田 たしかに、いまは宇宙からいろんな映像が送られてくるけど、それだけじゃ宇宙を実感できないようなもどかしさはありますね。

加藤 エベレストやアマゾンは、その場で３６０度見渡すと、まあ、「上と下のある」地球上の景色が広がっているよね。でも宇宙って、船外活動したら、「まわりを見渡す」って

れ。66年、TBSに入社。外信部デスク、ワシントン支局長などを務めた。89年にTBS社内の応募者の中から選抜され、翌90年12月2日に「宇宙特派員」としてソビエト連邦（当時）の宇宙船ソユーズTM－11に搭乗し宇宙に飛び立った。宇宙ステーション・ミールに8日間滞在し、日本へもテレビの生放送を通してその様子を伝えた。宇宙に初めて行った日本人宇宙飛行士、世界で初めて宇宙に行ったジャーナリストとして記録されている。

なったときに、重力がないから、どっちが上か下かもわからない世界じゃない？（笑）そこにいて五感で味わうものって、映像では伝わりづらいんじゃないかなー。視点や基準がすべて自分、という中で伝えるのは、アナウンサーとしてやりがいを感じるけど。

黒田 でも、私はエベレストにも登ってみたいな。あと、深海とかも興味があります。

加藤 深海かー。まあ、ダイオウイカが目の前にいたら、見てみたいかな。私もね、エベレストでもアマゾンでも深海でも、実際に行ったら、テレビで見るのとは違う感動が間違いなくあると思う。そこに行くまでのプロセスも含めて、映像だけ見るのとは違うでしょう。でも、ほら、山とか川とか魚とかは、種類は違うけど身近なところにもあるじゃないですか。

黒田 そう考えると、地球にいたら絶対に見られないのは地球ですよね。見たいなー。でも、かなり遠くまで行かないと、地球が丸いことまではわからない。宇宙ステーションから見る地球って、地形とか雲の動きとかはリアルだから感動しますし、美しいとも思いますけど、私は宇宙にぽっかり浮かんでる丸ごとの地球が見たいです。それを見ないと、地球の本当の生き様みたいなものがわからないような気がして。

加藤「地球の生き様」って、すごい言葉だね（笑）。でもほんと、それがどんなふうに見えて、自分がそれをどう感じるのか、想像もつかない。

黒田 この地球に生まれたからには、それを一度は見ておきたいんですよ。

摩擦なしの等速直線運動を体感したい！

加藤 でも私、映画『ゼロ・グラビティ』*を見てから、「やっぱり宇宙怖い」って思うようになっちゃった。誰でも行けるようになってから行くのはつまんないけど、もうちょっと安全性が確保されてから行きたいなー。ワガママかしら（笑）。

黒田 えー、私もあの映画は見ましたけど、全然行きたいですよ。

加藤 だって、宇宙空間に放り出されて、あんなふうに緩慢に死んでいくのって、すごくイヤじゃない？

黒田 意外と本望かもしれないです。宇宙で死ねたら（笑）。

加藤 即死するならいいけど、徐々に酸素がなくなっていくのは怖いよ……。それに、死んだ後もずっとひとりで宇宙を漂うんだよ？　ヤダヤダ、私はそんなに地球から離れたくないです。

黒田 そんな、死ぬことばかり考えなくても（笑）。たしかに『ゼロ・グラビティ』は怖いところもありましたけど、宇宙空間の様子がすごくよく描写されてたので、ますます行って

『ゼロ・グラビティ』
2013年に公開されたSF映画。ハッブル宇宙望遠鏡を修理するスペースシャトルという宇宙空間が舞台。主演はサンドラ・ブロックとジョージ・クルーニー。全世界で大ヒットを記録し、監督のアルフォンソ・キュアロンはアカデミー監督賞を受賞した。

みたくなりました。

加藤 その点は、科学者のあいだでもけっこう高く評価されてたそうですね。

黒田 空気との摩擦も何もない状態で、自ら等速直線運動が体験できることなんて、めったにないじゃないですか。

加藤 物理の問題では「摩擦はないものとする」というのが定番だけど、あれ見るたびに「ほんとはあるじゃん！」って心の中で突っ込んだりするよね（笑）。たしかに、ニュートンの慣性の法則がそのまま成立する世界って面白い。

黒田 映画でも、壊れた宇宙船の部品なんかが初速のままスーッと飛んでいきましたよね。あれを見て「ほうほう、なるほど」って。

加藤 摩擦がないと「力」ってこんなに強いのか！　と思った。地球上だったら、たとえば大きな岩をがんばって人が動かしても、放っておけばそのうち止まるじゃない？　でも宇宙空間ではそのままスーッと動き続けるから、それを止めようと思ったら、ものすごく強い力で引っ張らないとダメ。

黒田 たしかに。あれが「F=ma」の本当の威力ですよね（笑）。

加藤 あと、地上に重力があることのありがたみも身にしみた。

黒田 ですよね。とにかく、本当に宇宙に行ったような気分になっちゃったので、あの映画を見た後はすっごく疲れてました。

加藤 それでも「行きたい」って言えるのは、根性が違いますね（笑）。私は、無重力とか宇宙の怖い面も思い知らされたからこそ、「もうイヤだ」と。

黒田 私のまわりの宇宙好きも、ほとんどは「あれ見て怖くなった」と言ってました。

加藤 そりゃそうでしょう。あの映画を見て宇宙が怖くならない人って……むしろ目がキラキラしてるし（笑）。

地球がリンゴなら宇宙ステーションはリンゴの「皮」

黒田 でも、エベレスト登山と同じで、多少なりともリスクがないと、行ったときの感動がないんじゃないですか？

加藤 うーん。それはそうかもしれない。ドラえもんの「どこでもドア」で突然「はい、ここが宇宙です」と言われても、あんまり面白くないかもね。そういえば何年か前に、「宇宙エレベーター」計画のニュースがあってビックリしたな。

黒田 そうでしたよね。驚きました。

加藤 「軌道エレベーター」ともいうんだけど、静止衛星から長～いケーブルを垂らして、それに昇降機を取り付けるんだって。昔からアイデアだけはあったんだけど、それに耐えられるだけの強度のある素材ができるようになって、かなり真剣に考えられてるみたいだよ。研究者の国際会議もあるし、技術開発のための競技コンテストも毎年開催されているとか。

黒田 へー。その途中にいくつか宇宙ステーションを造って、いろんな「階」で降りられるようにするんですね。

加藤 後から乗ってきた人に「何階ですか？」とか聞くんだろうね（笑）。そのニュースを聞いたときは「なんて無茶するんだろう」と思ったけど、それができる技術力はすごい。ただ、それで誰もが簡単に宇宙に行けちゃったら、それ自体にはあんまり値打ちがなくなるような気がしますね。それに、エレベーターだと外には出られなさそうだし。せっかく宇宙まで行ったら、やっぱり船外活動はしたいよね。怖いけど（笑）。

黒田 それは絶対そうです。窓から見るだけじゃ満足できません！

加藤 360度、上から下まで見ないと。

黒田 ただ、たとえ船外活動ができたとしても、静止衛星ぐらいの位置では……。もちろん、地球の大気圏から出れば「宇宙に行った」ことにはなるんですけど、私はそれじゃ満足できないです。いまのISS*（国際宇宙ステーション）は、上空およそ400キロメートルの高

ISS
国際宇宙ステーション（International Space Station の略）。日本、アメリカ、カナダ、ヨーロッパ各国、ロシアなど15カ国が協力して地上400キロに建設した大型有人宇宙施設。実験や研究を行うための「実験モジュール」、生活の場となる「居住モジュール」、電力を作り出す「太陽電池パドル」、船外作業で使われる「ロボットアーム」などから構成されている。

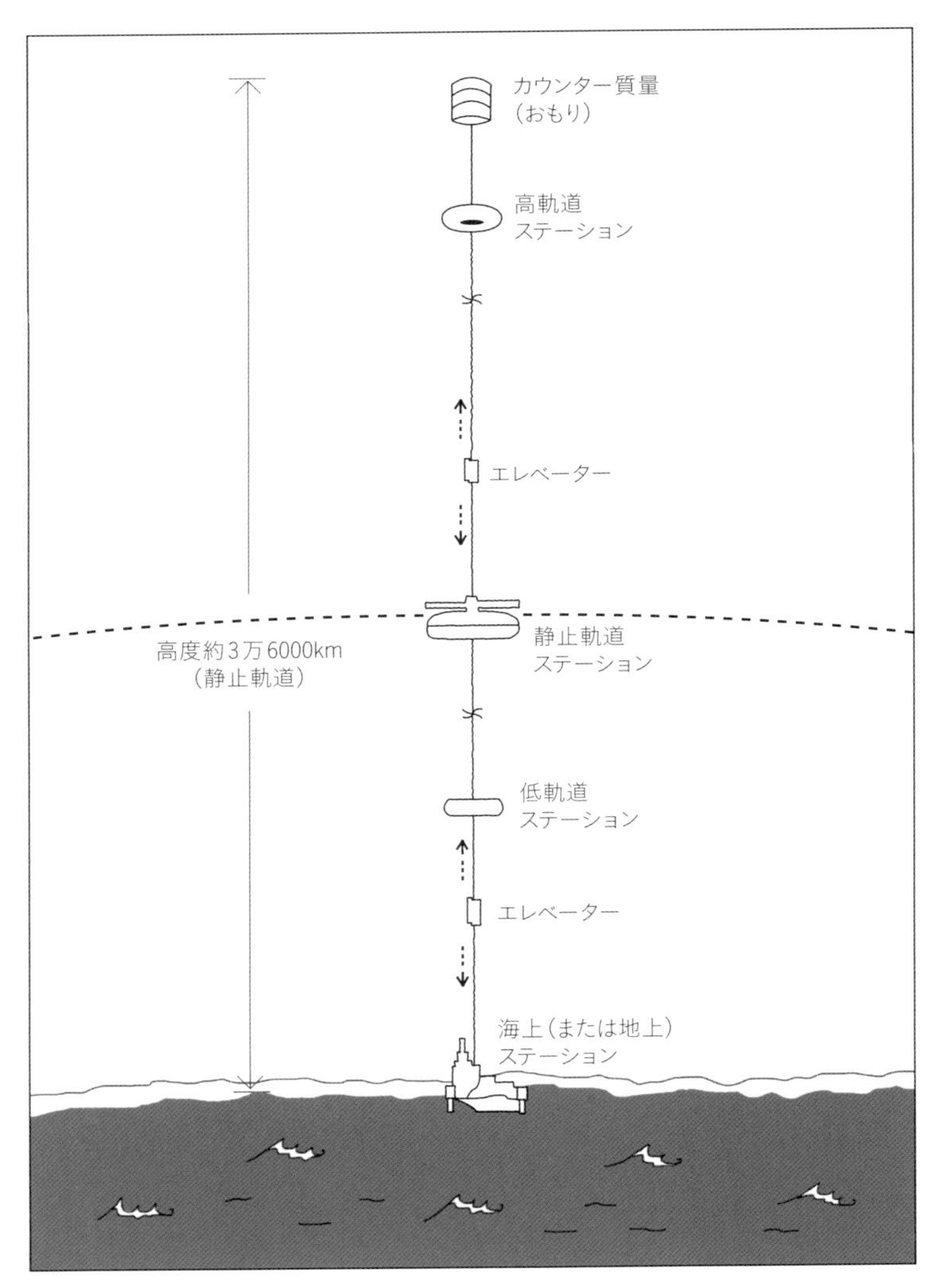

宇宙エレベーター
その名のとおり地上と宇宙をつなぐエレベーター。これまで夢物語と考えられてきたが、カーボンナノチューブ（アルミニウムの半分という軽さ、鋼鉄の20倍の強度を持つ）という素材の出現により、にわかに実現の可能性が増している。「軌道エレベーター」ともいう。詳しくは、一般社団法人宇宙エレベーター協会のホームページ（www.jsea.jp/about-se/How-to-know-SE.html）を参照。

さですよね。でも、地球の直径って1万2700キロメートルぐらいあるんですよ。地球がリンゴだとすると、ＩＳＳはリンゴの皮のところにいるぐらい。いちばん近くにある天体の月でさえ約38万キロメートルも離れてるんですから、それぐらいで「宇宙だ宇宙だ」と言われてもなぁ……と思っちゃいます。

加藤 でも、そこから先に行ったら、私は怖くてダメだな。母なる地球に帰ってこられないかも……と不安になりそう。

黒田 もちろん私も、帰ってきたいですけどね。着陸とかもちゃんと味わいたいですし。

加藤 着陸するまでが宇宙旅行ですから、と（笑）。

ボイジャーにしがみついて一緒に飛んでいきたい

黒田 でも、どうせ行くなら宇宙の果てを知りたいんですよ。もちろん、膨張し続けてる宇宙に「果て」はないんでしょうし、光速で移動したとしても生きてるうちに進める距離には限界がありますけど。行けるところまで行きたい。

加藤 光速で50年間旅を続けても、50光年先までしか行けないもんね。

黒田 だから、どこまでも旅を続けようとしてるボイジャーがうらやましい。

加藤 ボイジャー1号と2号が打ち上げられたのは1977年だから、私たちが生まれる前の話ですよね。どこかで地球外知的生命体に出合ったときのために、地球の言葉や写真や音楽なんかも積んでるというのが、ロマンチック。30年以上かけて、1号のほうは2013年にようやく太陽系の外に出たと発表されました。

黒田 その姿を想像しただけで、ウットリしちゃいます。できることなら、「一緒に連れてって！」とボイジャーにしがみつきたい（笑）。

加藤 太陽系の中はまだ『セーラームーン』でもおなじみの惑星がいくつもあるからいいけど、その外に出るのは心細くないですか？

黒田 まあ、多少はホームシック……というか地球シックになるでしょうね。

加藤 だけど、宇宙ってどこまで行っても景色が変わらなそうじゃない？　人類がまだ見たことのない風景は見たいと思うけど、ある程度まで行ったら後は同じなんじゃないのかな。たまたま通りかかった場所からよく見えるところで超新星爆発とか起きたら、きれいなのかもしれないけど。

黒田 まあ、宇宙論では「宇宙は一様だ」ということを前提にしてますからね。基本的には、どの部分を取ってもだいたい同じような構造なんだろうと思います。

加藤 そうだよね。だとすると、ボイジャーみたいに漂い続けるのは退屈しちゃいそうだから、どこかの天体に降りるのがいいな。ほかの惑星から宇宙がどんなふうに見えるのか興味がある。

黒田 それは楽しいですね。

加藤 「はやぶさ」が微粒子を持ち帰った小惑星イトカワ*とかね。長径500メートルくらいしかないから、降り立ったら大きな船に乗ってるぐらいの感覚になるかも。

黒田 どんな風景なのか、想像もつきません。ワクワクしますね。たぶん、そこでイトカワに出合っただけでものすごく感動すると思います。この広い宇宙を漂っていて、自分の知ってる天体に巡り合えるのって奇跡的な感じがするじゃないですか。もちろん、ちゃんと軌道を計算すれば「はやぶさ」みたいにたどり着けるんですけど、それでも出合えるのはすごいことだと思う。

加藤 それこそボイジャーは、木星や土星に出合いながら太陽系の果てに向かっていったんだよね。木星から冥王星までが同じような方向に並ぶタイミングで打ち上げて、その引力を利用するスイングバイ航法を取り入れたから、遠くまで飛べる。

黒田 やっぱりボイジャーにつかまって行きたかったな……。

イトカワ
太陽系にある小惑星で、地球から約3億キロの距離にある。長径は約540メートル。2005年に「はやぶさ」が到達し、岩石質の微粒子を採取して帰還した。日本のロケット開発の先駆者である糸川英夫教授にちなんでつけられている。

ボイジャー2号

NASAは1977年、ボイジャー計画に基づき同型2機の無人惑星探査機を宇宙空間に送り出した。ボイジャー1号は9月5日に、ボイジャー2号は8月20日に打ち上げられた。ボイジャーには、地球外知的生命体に向けて人類のメッセージを刻んだ金のディスクが搭載されている。1号は木星と土星とその衛星を観測、2号は同じ2つの惑星に加え天王星と海王星とそれらの衛星を観測した。2機から送られてきたそれまで未発見だった衛星の映像は、全世界の人々を興奮させた。2機とも太陽から150億キロ以上離れたところで現在も稼働し、地球に電波を送り続けている。

(写真：NASA)

手塚治虫『火の鳥』に描かれた宇宙の怖さ

加藤 太陽系で思い出したんだけど、小説版の『機動戦士ガンダム』*は読んだことありますか?

黒田 小説があるのも知りませんでした。

加藤 あれは読むとビックリしますよ。マニアックな物理用語がどんどん出てくるから。地球と月のあいだの引力が釣り合う地帯のことを「ラグランジュポイント」*と呼んだりしてるの。

黒田 へー、それはすごいですね。

加藤 兄が好きだったから全部持っていて、私も読んだんだけど。

黒田 シルビアさんもお兄ちゃんの影響受けてるんですね(笑)。

加藤 お兄ちゃんのやることって、真似したくなるんだよね。でも、あの『ガンダム』は宇宙に行きたくなるきっかけのひとつだったかもしれない。使われている言葉から察するに、ちゃんとした物理学を意識して書いてたようだし。

黒田 それを言われて私も思い出しましたけど、マンガだと『火の鳥』*の影響は大きかった

『機動戦士ガンダム』
1979年から1980年に放送された日本サンライズ制作のロボットアニメ。通称『ガンダムシリーズ』の第1作。宇宙を舞台にした作品であり、スペースコロニーと呼ばれる居住地がまさにラグランジュポイントに位置する。なお、スペースコロニーは1969年にアメリカのジェラルド・オニールらによって実際に提唱されている。

ラグランジュポイント
太陽と地球、地球と月のように大きさに差がある2つの天体の重力と遠心力が釣り合う点。2つの天体を結ぶ直線の延長上に3カ所、2

かもしれないです。

加藤 えー。たしかに、かなり宇宙が舞台にはなってるけど、『火の鳥』を読んで、そんなに宇宙の遠くまで行きたいと思えるんですか？

黒田 たしかに、読んだ後に虚無感にとらわれるというか、なんだかすごい気持ちにさせられますよね。

加藤 何歳のときに読んだの？

黒田 小学校の５〜６年生ぐらいだったかな。昔から家にはあって、小さい頃からパラパラとページをめくってはいたんですけど、話がさっぱりわからなかったんですね。でもずっと気になっていて、やっとボンヤリわかったのがそのぐらいのとき。最初の物語は古代から始まって、次の物語は超未来、そして昔と未来の話が交互に続いて、だんだん現代に近づいていく。最後は手塚治虫さんが亡くなってしまったので完結はしていないんですけど、あれを読んだ後の気持ち悪さって、なかなか言葉にしにくいです。

加藤 だったら、どうしてそんな遠くに行こうと思うんですか（笑）。あれ読んだら、「地球にいたい」と思いません？　私も『火の鳥』は小学生のときに読んだんだけど、すごく心に残ってる章があるんですよ。宇宙船が簡単に買える時代に、地球上で恋に落ちた若者２人が、地球上では結ばれないから宇宙に逃げよう……という話。覚えてます？

つの星を頂点とする正三角のもうひとつの頂点に１カ所ずつ合計５カ所ある。ラグランジュポイントに人工衛星などを投入すると天体との位置関係が変わらず、安定して天体のまわりを回り続けることができる。

『火の鳥』
手塚治虫が、１９５４年から亡くなる89年まで描き続けた代表作のひとつ。主にマンガ雑誌『ＣＯＭ』誌上において連載された。「未来編」「宇宙編」「ローマ編」などの複数の完結した編で構成されている。手塚の死により、未完のままで終わっている。

黒田 ありました、ありました。

加藤 それで宇宙に行くんだけど、男性のほうがすぐに死んじゃって。女性がひとり荒野の星に降り立って、ロケットも全部壊れてしまったので、もう地球には帰れない。

黒田 そこで男ばっかり生まれるんですよね。

加藤 そうそう。それで、女性は自分の子どもとのあいだに子どもをどんどん作って、自分を冷凍して仮死状態にしたりしながら生きながらえて、自分と自分の子どもだけの一大帝国を作り上げるという……。

黒田 よく覚えてます。

加藤 あの話が強烈に記憶に残ってて。宇宙に行って帰ってこられなくなるのは、こんなに悲しいものなんだなって。生まれたばかりの乳飲み子と自分だけが荒野にたたずんでるシーンとか、もうたまらないじゃないですか。それもあって、私の中には「地球からあんまり離れたくない」っていう感覚があるんですよ。

片道切符で火星に行けるとしたら……

黒田 あの話は、たしかに気持ち悪いです。

加藤 でも、遠くまで行きたいんだよね（笑）。

黒田 そうですねぇ……。男と女が地球を離れるといえば、火星に片道切符で男女4人のグループを送り込む計画がありますよね。

加藤 え、知らない。どこが計画してるんですか？

黒田 「マーズ・ワン」という計画で、オランダの起業家が立ち上げた民間のプロジェクトだそうです。アメリカのNASAの計画より7年も早く、2023年までに男女4人の宇宙飛行士を火星に着陸させるつもりなんですって。地球に戻ることはできないんですが、その後も人を増やして、10年後には20人ぐらいのコロニーを作って生活させる。しかも、その様子をテレビ番組として放送するらしいですよ。

加藤 どうやって生きていくんだろう……。

黒田 よくわかんないですけど、これに参加した宇宙飛行士は遅かれ早かれ火星で死を迎えることになります。ちょっと、さっきの『火の鳥』を思い出させるような話ですよね。地球から離れた星に、新しい国を作っていく感じ。すでに、宇宙飛行士の募集も始まってます。

加藤 ほとんど死にに行くようなものだと思うけど、立候補する人いるのかな。

黒田 それ聞いたときは、一瞬だけ「どうしよう」って考えましたよ。

加藤 さすがだ（笑）。

黒田 だって、選ばれた人間にしかできない体験じゃないですか。でも、好きでもない男の人と一緒には行けないな、と思ってやめました。

加藤 ……そっち？（笑） いやいやいやいや。私、どうしても生きるためなら、好きじゃない人とでも結婚できると思うけど、片道切符で戻ってこられないほうがイヤでしょ。いくら好きな人と一緒でも、いつか食料も尽きるだろうし。だいたい、酸素はどうするんですか。

黒田 ニュースには「酸素は火星の地下水から作る」とか書いてありました。

加藤 あー、火星の大気はほとんどが二酸化炭素だから、水があれば酸素は何とかなりそうな気はしますね。

黒田 ノーベル物理学賞の受賞者でもあるヘーラルト・トホーフト[*]さんもこの計画を支持してるらしいから、そんなにデタラメなものじゃないだろうと思うんですよ。

加藤 う〜〜〜〜ん。私はダメだわ。やっぱり帰ってきたい。だって、地球に戻ってから記者会見とかして、自分の口から「火星はこうでした」って報告したいじゃないですか。いくらテレビ放送で伝えられるといっても、現地レポートしながらそこで死んでいくのはツラすぎる。

黒田 でも、「死んでもマイクを離さなかった宇宙アナウンサー」として歴史に名を残せる

ヘーラルト・トホーフト　オランダの理論物理学者（1946〜）。電弱相互作用の量子構造の解明によって1999年にノーベル物理学賞を受賞。

マーズ・ワン
オランダの非営利団体の名称で、2025年までに火星に人類初の永住地を作ることを目的に掲げている。2013年には、20万人の希望者から、1058人（男性586人、女性472人で日本人10人を含む）を選んだことを発表。その中から選ばれた数名が、最初の永住者になる予定だという（上図は火星のコロニーのイメージ）。

かもしれないですよ（笑）。

アポロは月に行ってない!?

加藤 でも、そんなに先を争って片道切符で行かなくたって、いずれNASAがちゃんと火星に送り込むんじゃないんですか？　ずいぶん前に月まで行って帰ってきたんだから、時間の問題だと思う。

黒田 人類は、本当に月に行ったんですかねぇ……。

加藤 え？　黒田さん、「アポロは月に行ってない派」なの？　そういう説が世の中にあることは知ってるけど……。

黒田 いや、そんなに確固たる自信があるわけじゃないんですけど、いろいろ考えてみると、腑に落ちないことがたくさんあるんですよ。

加藤 たとえば？

黒田 月までの距離です。さっきも話したように、地球から月まで38万キロメートルもあるんですよ。でも人類は、21世紀のいまでも地上から400キロメートルの宇宙ステーションに行っただけで「宇宙だ、宇宙だ」と大騒ぎしてるわけですよね。その宇宙ステーションよりも1000倍ぐらい離れた月に、45年も前の技術で本当に行けたのかどうか……。無人探査機ならともかく、有人飛行ですから。

加藤 でも、アポロ11号*が月に行った1969年は、飛行機が発明されてから半世紀以上も経ってるんですよ。たぶん、飛行機で本気を出せば、2日ぐらいで地球を1周できたんじゃないかな。いまは地球の反対側まで20時間くらいだから、当時は25時間かかったとして、往復で50時間。距離だけ考えるなら、それを何倍かするだけで月まで行けますよね。しかも地球を脱出してしまえば、そこから先は真空だから、飛行機で地球の大気の中を移動するより簡単でしょ？　それこそ摩擦のない世界だから、給油の必要もなく、そのままの速度で進んでくれるし。

黒田 なるほど……。

加藤 技術的に難しいことがあるとしたら、距離よりも、離陸や着陸じゃないかな。

黒田 はい、着陸のことも気になるんです。だって、地球に戻ってきたときは、地上で待ち構えるNASAのブレーンたちに見守られて、それでも命懸けで海に着水したわけですよね。月面に着陸するときは、現地に誰もいないから、乗船してるクルーたちだけでなんとかするわけですよ。それをやり遂げて、また自分たちだけで月面から離陸して地球に戻るなんて、本当にできたのかしら。

アポロ11号
1969年7月16日に打ち上げられ、月面着陸は7月20日。人類史上初めて月面に降り立ったアームストロング船長は、「これはひとりの人間にとっては小さな一歩だが、人類にとっては偉大な飛躍である」という言葉を残した。ケネディ大統領によって61年から始められた「アポロ計画」は、72年までに6回の有人月面着陸を成功させた。

加藤 その技術は、本当にすごいですよね。一体、どうやっていたのか興味深いです。月は大気圏がすごーく薄いから、離陸はできると思うんですよ。いったん飛び立ってしまえば、その後の軌道修正も、いろんな方向にエンジンを噴射すればできると思う。問題は、月面への着陸。人間が歩いてもポーンポーンと弾んでしまうような重力の弱い場所に、ものすごい速さで飛んできたものを軟着陸させるのは、本当に難しいでしょうね。

黒田 ですよねぇ。

加藤 その次に難しいのが地球からの離陸で、その次は地球への着陸なのかなぁ。いちばん簡単そうなのは、月を離陸して戻るところだと思うんだけど。月には大気圏もほぼないし、ちょっと飛び上がれば無重力状態になるから、そんなに大きなエネルギーがなくても地球まで戻ってくることができそう。地球に近づいてからのコントロールは難しそうだけど。

ファミコン以下のコンピュータで月に行けるか

黒田 小惑星イトカワまで往復した「はやぶさ」も、地上のスタッフがものすごく苦労しながらコントロールして、故障などもありながら、ギリギリの感じで帰還しましたよね。しかも、「はやぶさ」は無人探査機。それが現在の技術力をもってしてもああだったのに、

45年前の技術で有人の大きな宇宙船をそこまでコントロールできたとは思えないんですよ。スマホも携帯電話もない時代だったのに。

加藤 イトカワは、それこそ距離が遠いですからねぇ。月なんて、地球からあんなに大きく見えるぐらいの距離じゃないですか。それに「はやぶさ」の場合は無人だからこそ通信が難しかった面もあるんじゃないかな。向こうからのシグナルがなくなると地上からは操作できないのが問題になるけど、有人なら現地でも対応できるでしょ？　エネルギーさえあれば、なんとかして帰ってこられるわけだから。飛行機だってスマホも携帯もない時代に空を飛んでたんだから、あの時代に月に行けたのはそんなに不思議じゃないと思う。

黒田 そうなのかなぁ。

加藤 簡単だったとは思いませんよ。さっきも言ったけど、月面への着陸は本当に難しいと思うし。『ゼロ・グラビティ』でもそうだったように、無重力空間だと、人がポンと物を押しただけで、ピューッて飛んでいくでしょ。月は無重力じゃないとはいえ、重力は地球の6分の1程度。一体どうやって制御したのか不思議といえば不思議ですよね。アポロに搭載されたコンピュータって、性能はファミコン以下だったらしいし。そう言われると、「ほんとに行けたのかな?」と思わなくもない。

黒田 だから着陸してないんじゃないかと。

加藤 いやいや、そうは言っても、着陸はしたでしょ（笑）。

黒田 じゃあ、もしシルビアさんが人類で初めて月に降り立つとしたら、その映像をどうやって撮ります？　私だったら、絶対に自分でカメラを持って、降り立った瞬間の足元を撮ると思うんです。でもアポロ11号のときは、アームストロング船長がハシゴを下りていく姿が引きの映像で撮影されてるんです。それ、誰がセッティングしたんでしょう。いったん船長が降りてカメラを置いたんだとしたら、本当に「初めて降りたときの映像」ではなくなっちゃいますよね。

加藤 あれは、あらかじめハシゴの横のハッチにカメラが設置されてたそうですよ。

黒田 え、そんなのセコい！

加藤 セコくないでしょ（笑）。周到な準備をしてたってことだから。

黒田 じゃあ、真空の月面でアメリカの星条旗が風ではためいてるように見えるのは？

加藤 ポールを地面にねじ込んだ反動で旗が動いたらしいですね。空気抵抗がないから、いったん動くと、なかなか止まらない。

黒田 な、なるほど……。

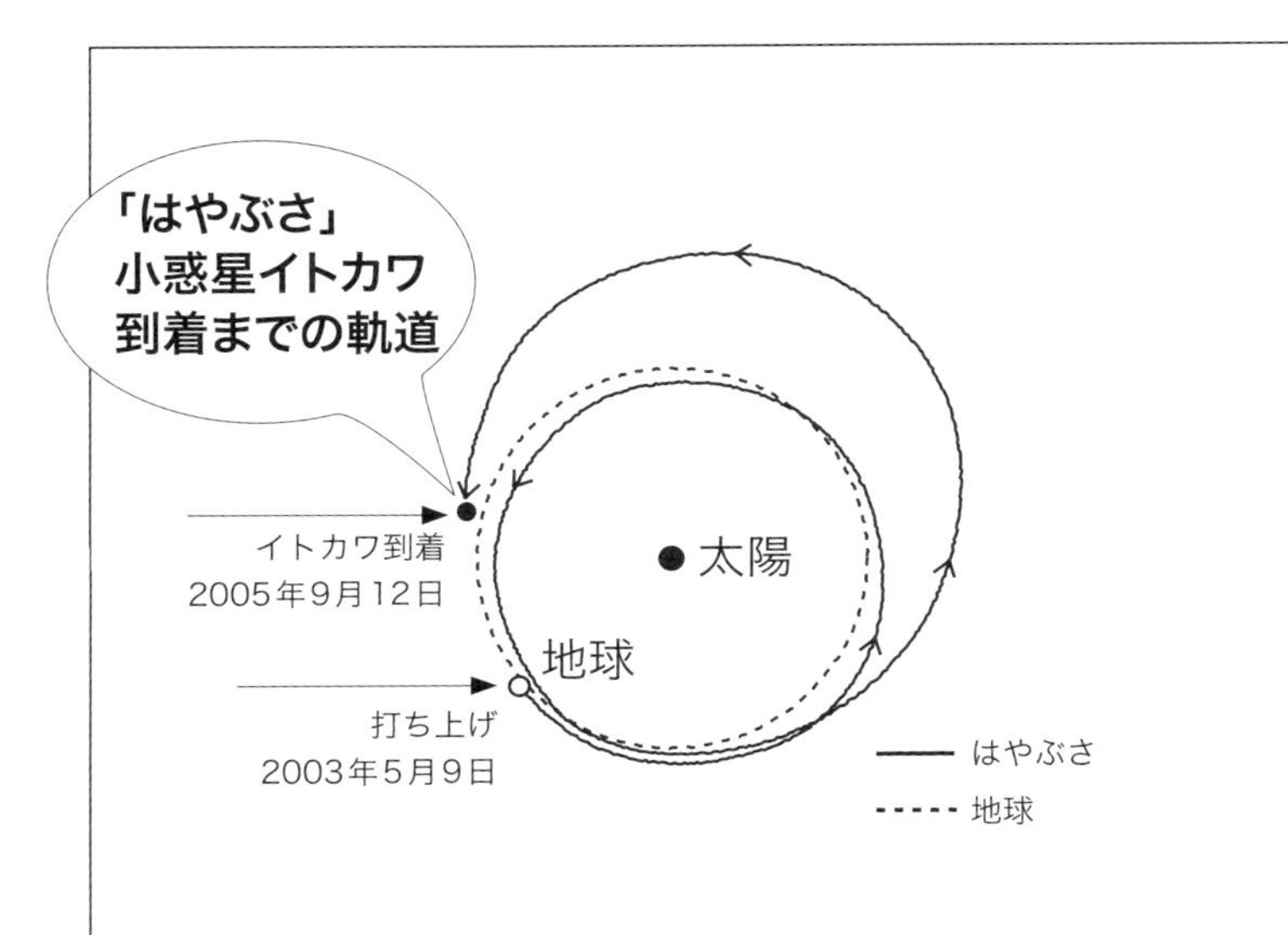

「はやぶさ2」実機
2014年12月3日、種子島宇宙センターから打ち上げられた「はやぶさ」の後継機。イトカワよりも有機物や水を多く含んだ岩石でできている小惑星「1999 JU3」を探査する。46億年前、太陽系ができた頃の小惑星の物質を持ち帰り、地球や生命誕生の謎にせまる計画だ。「はやぶさ2」は2018年半ば頃、小惑星に到達。その後1年半ほど滞在し、2019年末頃に小惑星を出発、2020年末に地球に帰還する予定だ。
（写真：村沢 譲）

なぜ月世界ツアーは企画されないのか

加藤 でも、そうやって疑問を持って見ると、単に素直に受け入れるよりも理解が深まるから面白いと思う。「なんでなんでマン」ってそういうことだよね（笑）。科学そのものが、「それは本当なのか？」と過去の研究を疑うことで進歩してきた面もあるわけだし。それこそニュートン力学を全面的に受け入れていたら、アインシュタインの相対性理論は生まれなかったでしょう。

黒田 でも、アポロは月に行ったように思えてきました……。

加藤 いやいや、まだ挫（くじ）けちゃダメですよ、元なんでなんでマン（笑）。それに、私もちょっと疑問はあるんですよ。アポロ計画が終了してからもう半世紀近く経つのに、あれから月には行ってない。

黒田 そうそう、それも怪しいんですよ！

加藤 飛行機はライト兄弟*が発明してから爆発的に普及して、誰もがそれであちこちに行くようになりましたよね。もちろん月に行く特段の必要性はないし、アメリカもお金がないから国家プロジェクトとして続けるのは難しいのかもしれないけど、技術もいろいろ発達

ライト兄弟
アメリカの発明家。兄ウィルバー（1867～1912）、弟オービル（1871～1948）。幼少期から機械関係ですぐれた才能を発揮する。共同で自転車店を経営しながら、グライダーの飛行を研究し、飛行機の製作を始める。1903年12月17日、米ノースカロライナ州キティホークで人類初の動力飛行に成功した。

アムンゼン
探検家（1872～1928？）。ノルウェー・ボルゲ生まれ。南極点最初の到達者。20代の頃から航海士として探検隊に参加。1911年12月14日、イギリスのスコット隊より34日早く南極点に到達。28年に遭難したイタリアの探検隊の捜索のため、

してるんだから、月旅行が商業的に確立していても不思議じゃないと思うんです。そうなってないのは、実はまだ月に行けてないからなのか？（笑）

黒田 行けるなら、その後も現地での研究が続いていてもいいはずですよね。たとえば南極点だって、最初はアムンゼン*とスコット*が人類初の到達を目指して競争してましたけど、「到達したらおしまい」じゃありません。そこに基地を造って、ずっと研究してます。

加藤 ある意味では、月より南極に到達するほうがもしかしたら難しいかもしれない。だって、宇宙空間に予想外の吹雪とかないし。まあ、太陽フレア*で計器が故障しちゃうことはあるかもしれないけど、地球上の天候の変化と比べたら真空中のほうがずっと安定してるんじゃないかな。だから、物理学の原理に基づいた計算と、ここまで積み重ねてきた経験をもってすれば、いまなら月まではわりと安全に行けるような気がするよね。

黒田 月世界ツアー、旅行会社に企画してほしいです。

加藤 ひとり200万円ぐらいで行けるなら、ソッコーで申し込みますよね。それができないのは、そもそもアポロの実績がないから？

黒田 ただ、もしアポロが月まで行ってないとしたら、打ち上げた後どこに行ってたのかわからないんですよ。

加藤 ああ、打ち上げたのはみんな見ているし、空の上から帰還したのもたしかだから、そ

飛行機で北極海に向かうが、そのまま行方不明となる。

スコット
海軍大佐（1868〜1912）。イギリス・プリマス生まれ。海軍士官として、若い頃から南極の探検・研究を行う。1910年、世界初の南極点到達を目指し、アムンゼンと競う。12年1月17日、アムンゼンから1カ月以上遅れ、南極点に到達。帰途、スコットを含めた5人の隊員は全員遭難、死亡する。

太陽フレア
太陽の表面で起こる大規模な爆発現象。太陽フレアが発生すると大量の高エネルギー荷電粒子が放出され、人工衛星や宇宙飛行士、地上の発電施設や通信機器などに深刻な被害を与えることがある。

の間どこかで時間をつぶさなきゃいけないのか(笑)。

黒田 やっぱり月に行ってたのかな……。

加藤 行ってたんだと思いますよ。

あの時代の技術で月に行ったNASAはすごい

黒田 でも、やっぱり当時の技術力で行けたというのが信じられないんです。あの時代に、月からの生中継なんてできたんですかね?

加藤 地球の反対側から衛星中継ができるなら、できるんじゃない? 電波は、弱くなりながらもどこまででも届くから。

黒田 うーん。でも、月面で撮影した写真のクォリティとか高すぎません?

加藤 どれどれ……(スマホで検索して)……ああ、たしかにきれいだわ。まあ、いまはデジタルリマスター技術で古い映画なんかもきれいになりますからね。

黒田 それに、考えてみたら、空気がない場所ではゆらぎがないからきれいに撮れるんですよね。だからハッブル宇宙望遠鏡みたいにスペースシャトルで打ち上げて、宇宙で観測するものもあるわけで……ああダメだ(笑)。

ハッブル宇宙望遠鏡
1990年4月24日、スペースシャトル・ディスカバリー号によって打ち上げられた。地上約600キロを周回し、巨大な望遠鏡で宇宙の観測を行う。この望遠鏡がとらえた宇宙の姿は人々に衝撃と感動を与え続けている。宇宙の膨張速度が加速している事実や銀河系の暗黒物質の存在など、ハッブルによって明らかになった事実も多い。名前は、宇宙が膨張している証拠を最初に発見したアメリカの天文学者エドウィン・ハッブルにちなむ。
（写真：NASA）

加藤 ははは。でも黒田さん、中学時代にＮＡＳＡを見学して感激したんですよね？

黒田 はい、ＮＡＳＡはすばらしいです。私、いつかはＮＡＳＡの一員になりたいと思ってるぐらいですから。

加藤 それなのにＮＡＳＡを信じられないんだ。

黒田 そういうわけでもないんですけど……。

加藤 まあ、これまでの話を総合すると、「あの時代の技術で月に行ったＮＡＳＡはすごい！」って逆に賞賛する結果になってる気もするけど。そもそも、どうしてアポロの月面着陸を疑うようになったんですか？

黒田 最初は信じてたんですけど、たぶん、テレビの討論番組みたいなものを見たとき、「アポロは月に行ってない派」の意見に説得力があったんだろうと思います。それで、疑い始めるといろんなものが怪しく見えてくるんですよ。宇宙飛行士たちが月面を歩く様子とかも、なんとなくわざとらしく思えちゃう。

加藤 でも、もしＮＡＳＡほどの権威があの時代にアポロ計画で失敗していたんだったら、絶対にまたチャレンジしてると思いますよ。さっきは、あれから月に行ってないのは怪しいとか言ったけど、むしろそれが成功した証拠じゃないかと。だから次は火星への有人探査も目指しているわけで。

黒田 でも、あまりに難しいことがわかって、「これは絶対に無理やな」と思ったかもしれないじゃないですか。

加藤 これは100年、200年の単位じゃ無理だと？　だから「千里の道も一歩からや」と考えをあらためて、「スペースシャトル計画」などを経て、地上400キロメートルの国際宇宙ステーションで足場を固めたとか。

黒田 まさにそれです！　月まで1000倍ぐらいの距離だから、ピッタリです（笑）。

加藤 黒田さんを納得させるには、もう一度NASAが月に有人船*を送り込むしかないかもしれないですね。

黒田 いや、もうかなり納得したからいいんですけど（笑）、もうじきアポロ11号の月面着陸から50周年だから、記念事業として行ってくれないかな、とは思います。

加藤 もしかしたら、いま行くと50年前のでっち上げがバレちゃうとか（笑）。「風景、あのときと全然ちゃうやんか！」って。

黒田 「あれはやっぱりスタジオで撮影してたんや！」――それはあるかも。

加藤 ないない（笑）。いや、でも面白かったです、この話。

黒田 なんだか悔しい……。

有人船
実はジョージ・W・ブッシュ政権時代（2001～2009年）、月面に基地を建設してほかの天体（火星など）に進出しようという計画が進められていた（コンステレーション計画）。しかしオバマ政権が予算等の問題で中止し、現在は月や火星、小惑星への飛行を目的とする多目的有人宇宙船「オリオン」、打ち上げロケットのスペース・ローンチ・システム（SLS）が開発されている。

地球外知的生命体は存在するか

加藤 ところで、かつて月に人類を送り込んだNASAは(笑)、いまは火星に「キュリオシティ」という探査機を送り込んでいるけど……これは信じてますよね?

黒田 はい。あれは無人探査機ですから。

加藤 そこが大事なのね、黒田さんにとっては(笑)。無人探査機でも火星に着陸させるのはかなり難しかったと思うけど、まあいいや。で、その「キュリオシティ」は、土や岩石を分析して、火星に生命が存在するかどうかを調査しているわけだけど、地球外生命はいると思いますか?

黒田 います。

加藤 断言(笑)。

黒田 だって、宇宙はバカでかいですから。私たちの銀河系には太陽のような星が2000億個ぐらいあると考えられていて、たぶん、その中には地球みたいに水が液体の状態で存在する惑星を持つ星もたくさんあるでしょう。

加藤 中心の星に近すぎると温度が高すぎて蒸発しちゃうし、遠すぎると温度が低くて凍ってしまうから、ちょうどいい距離にないとダメなんですよね。それがいわゆる「ハビタブル・ゾーン」。

黒田　はい。2000億個も星があれば、ハビタブル・ゾーンにある惑星も山ほどあると思うんです。それだけでも生命がいる可能性はかなり高いのに、この広い宇宙にはそういう銀河が1000億個以上もあると考えられてるんですよ。それだけあったら、生命の存在する惑星なんかいくらでもあると思います。

加藤　人類みたいな知的生命体もいる？

黒田　いる可能性は高いんじゃないですかね。でも、たとえ高度な文明を持つ知的生命体が宇宙のどこかにいたとしても、私たち人類とコンタクトを取ることはできないんじゃないかと思っているんです。

加藤　え、どうして？　世界のあちこちで地球外知的生命体探査（SETI = Search for Extraterrestrial Intelligence）のプロジェクトが進められていて、宇宙人からの電波を受信しようとしているけど、その試みは成功しない？

黒田　宇宙が誕生してから、138億年ですよね。でも、地球に人類が登場してから、まだ1000万年も経ってないんですよ。ヒトの祖先がチンパンジーの祖先と分かれたのが600万〜700万年前。そこから徐々に進化して現在のホモ・サピエンスになり、石器とか土器とかを作り、やがて農耕なんかも始まったわけですけど、そんな時代は宇宙人と交信しようとも思わないですよね？　電波を使って地球外の知的生命体と交信しようとするほどの高度な文明を築いたのは、せいぜい１００年前のことです。それって、宇宙全体の長～い歴史から見たら、ほんの一瞬の出来事だと思うんですよ。

加藤 なるほど。

黒田 そう考えると、ほかの文明と交信できる確率はすごく低いんじゃないかな。こういう文明がどれぐらい長続きするのかわかりませんけど、たとえば地球上の生命がまだ恐竜中心だった時代に一生懸命に電波を発信していた文明が、いまは滅亡してるかもしれないわけですよね。いくら宇宙が広いといっても、１３８億年もの歴史の中で、同じタイミングで高度な文明を持つ知的生命体が存在するのはかなり難しいような気がします。

宇宙人はもう地球に来ている？

加藤 私も確率的に考えると、地球外知的生命体はいるだろうと思いますね。宇宙って、ビッグバンの直後は素粒子が満遍なく広がってる空間だったんだろうと思うけど、いつしか重力によって引き寄せられて銀河や星などの構造ができたわけですよね。生命もそういう構造の一部だとすれば、この小さな小さな太陽系にだけ存在すると考えるほうが不自然。宇宙全体に、満遍なく存在するんだろうと思います。で、高度な文明を持つ知的生命体も無数に存在するような気がする。こっちが電波を使ってない時代でも、向こうが勝手に見つけてくれてる可能性もあるじゃないですか。もしかしたら、もう地球に来てるかもしれない。これだけ宇宙は広いんだから、そんな文明があってもいいんじゃない？

黒田　でも、宇宙は広いからこそ、移動は大変ですよ。電波の通信でさえ、光速は超えられないから、たとえば1万光年離れた星とメールをやり取りしようと思ったら片道1万年、往復で2万年かかりますよね。宇宙船で来るのは無理じゃないかなぁ。

加藤　そこはもう、頭の良さのレベルが私たち人類とは比べものにならないから（笑）。地球のSF作家さえ思いつかないような驚きのテクノロジーでひとっ飛びですよ。

黒田　う〜ん。私は宇宙人が地球に来てるとは思えないんですよねぇ。よく「本当はNASAが宇宙人を捕まえて隠している」みたいな話がありますけど、ああいうのもまったく信じません。

加藤　あ、「アポロは月に行ってない説」は信じても、そっちは信じないんだ（笑）。要するに黒田さんは、宇宙空間を人間を含めた知的生命体が移動することに対して、すごくネガティブな感覚を持ってるのね。「宇宙に行きたい、行きたい」というわりに、その技術をあんまり信用してない？

黒田 私もいま話してて、初めてそれに気づきました。なんか夢のないこと言ってるなぁ、って（笑）。ふつう、逆ですよね。でも、たしかに、宇宙旅行はすごく難しいことだと思ってるみたいです。

加藤 宇宙飛行士に応募するぐらい本気の人は、リアルに考えるからこそネガティブになるのかもしれないね。私なんかは興味本位で考えてるから簡単に「宇宙人は地球に来てる」とか言えちゃうけど。本気度が高ければ高いほど、いろいろ疑いたくなるんだろうな。

黒田 そういうことなんですかねぇ……。でも、宇宙人に会いたいという気持ちはあるんですよ。

加藤 どっちかが行かないと会えないけどね（笑）。

黒田 それはそうなんですけど、私、作家の星新一*さんのショートショートが好きで。小さい頃は、宇宙人というとタコみたいなやつとか、『火の鳥』のムーピーみたいなドロドロ系を想像してたんですが、星新一さんの作品には人間っぽい宇宙人とか、いろいろ登場するんです。会えたら楽しいと思いますね。

星新一
日本の作家（1926〜1997）。SF小説家。ショートショート（原稿用紙十数枚程の作品）を数多く残した。固有名詞をあまり使わず、生活感や攻撃性といった通俗性を除外することによって出てくる透明性が特徴である。主な

暗黒物質や暗黒エネルギーの謎を宇宙人に教えてほしい

加藤 私は、地球に来てるんだったら来てると言ってほしい。ここまで来てるのに、向こうからは接触してこようとしない宇宙人には興味ないかも。

黒田 宇宙人として地球に来たからには、何か主張しろと（笑）。

加藤 そうしたら興味津々ですけどね。「今夜8時から宇宙人の記者会見があります」と言われたら、そりゃあ駆けつけますよ。だけど、宇宙人そのものにはそんなに興味がないかなー。やっぱり、生命より物質に興味があるんですよ私は。地球外生命体は存在して当たり前だと思ってるから、ものすごい高度な文明を持った宇宙人が現れても、「私たちより先に進化しただけだよね」という話じゃないですか。

黒田 そんなにクールに思えますか？（笑）

加藤 いや、まあ、驚くのは驚くけど、進化を含めた生命現象がこの宇宙に存在すること自体は、もう地球が証明してるわけですよね。それより、まだよくわかっていない暗黒物質や暗黒エネルギーの正体が解明されたほうが、もっと興奮すると思う。そっちの発見は、物理学の原理そのものに関わるかもしれないでしょ。

著書は『ボッコちゃん』『ようこそ地球さん』『未来いそっぷ』や、インターネット社会の到来を70年代に予見していた短編集『声の網』など。日本推理作家協会賞、日本SF大賞特別賞を受賞。

黒田 地球に来られるほどの宇宙人だったら、その謎もとっくに知ってるかも。

加藤 そうか！ だったら、記者会見では最初にそれを質問したいな。「どこからどうやって来たんですか？」より前に、いきなり「宇宙を加速膨張させているエネルギーの正体を教えてください」って聞くの（笑）。

黒田 言葉は通じるのかな。

加藤 やっぱり心配性ですね（笑）。それだけ高度な文明を持ってるんだから、きっと自動翻訳機ぐらい持ってますよ。

黒田 そっか。じゃあ、そのときは「なぜ宇宙には反物質がないんですか？」という質問もお願いします。

加藤 了解。量子力学のこともいろいろ知りたいから、質問リスト、すごく長くなっちゃいそう。

黒田 だけど、宇宙の謎を何から何までよその知的生命体に教わるのは、ちょっと癪(しゃく)に障るかもしれないですよ。せっかく人類の叡智(えいち)でここまで突き止めてきたんだから、最後まで自力でなんとかしたくないですか？

加藤 なるほど、それもそうですね。じゃあ、「暗黒エネルギーのヒントだけください」って聞くことにする（笑）。

第5章

宇宙や物理の楽しさをもっと広めたい!

文系は「コツコツ」、理系は「ひらめき」？

加藤 ここまで2人で楽しくいろいろお喋りしてきたけど、こうやって女子が物理学だの宇宙だのについて語り合うのって、人によっては不思議に思ったりするのかな。

黒田 理系女子というだけで、人はいろんな反応をしますからね。もともと私は、人を「文系男子・文系女子・理系男子・理系女子」と区分すること自体がナンセンスだと思ってはいるんですけど、その中でいちばん珍しがられるのが理系女子です。私自身、「理系」とわかった瞬間に驚かれたり、異様に共感されたりという経験をこれまでたくさんしてきました。

加藤 なるほど、同じ理系だというだけで必要以上に共感されても困りますよね。同じ理系女子でも、考え方や感じ方が違うことは、今回の対談でもよくわかりましたし。

黒田 文系の人同士が「おお、おまえも文系だったのか！」って喜んだりするとは思えないですもんね（笑）。理系の男性同士でも、そんなことないと思う。理系女子だけが、なぜか特別視されている印象があります。まあ、理系というだけで勝手にまわりが「こいつは頭が良い」と勘違いしてくれたりして、得することもあるんですけど。

加藤 え、私そんなことないけどな。

黒田 シルビアさんは突然ヘンなこと言ったりしないからですよ。私はときどきトンチンカンな発言をしちゃうタイプなんですけど（笑）、それを「こいつは理系だから、俺たちにはわからない発想ができるんだろう」と思ってくれるんですね。「わけわかんないけど、一周まわって天才的な発言なのかもしれない」みたいな感じで。

加藤 ああ、たしかに、理系の人間には何か「ひらめき」みたいなものがあると思い込んでる人はけっこういるかもしれない。よく「文系の学問はコツコツ勉強すればできるけど、理系はひらめきが必要だ」なんて言いますよね。決してそんなことはないと思うけど。

黒田 「理系はひらめき」と思ってる人たちは、たぶん、ニュートンやアインシュタインみたいな大発見をした人たちをイメージしてるんじゃないでしょうか。「リンゴが木から落ちるのを見て万有引力を発見した」とか聞くと、突然、神様の啓示を受けてひらめいたような気がするじゃないですか。

加藤 アインシュタインも、一般相対性理論を生み出す前に「人生で最高の思いつき」があったんですよね。人が屋根から落ちるとき、その人は自分の重さを感じないだろうと気づいたことで、「加速」と「重力」が実は同じものだというアイデアに到達した。

黒田 自由落下するエレベーターの中にいる人は無重力状態になって、体が浮いてるように感じるんですよね。

加藤 で、その加速しているエレベーターの片方の壁から向かい合う壁に対して光を放つと、外から見ている観測者には光は曲がって進んでいるように見える。つまり「加速によって曲がった」ことになるわけですね。加速と重力が同じなら、重力も光を曲げるはずだ……というのが、一般相対性理論の大きなヒントになりました。

黒田 また話がマニアックな方向に行ってしまいましたが(笑)、そう考えると、たしかに「ひらめき」は大事だろうとは思います。でも、理系に「コツコツ」が必要ないかといったら、そんなことはないですよね。前にシルビアさんもおっしゃいましたけど、数学も物理も「積み重ね」が大事ですから。

理系嫌いは食わず嫌い

加藤 そうそう。前に勉強したことが、どんどん次につながっていくのが面白い。まあ、数学の問題とかは「ひらめき」が必要なときもあるかもしれないけど、物理は違いますよね。コツコツと計算すれば答えが出る。それに、ニュートンやアインシュタインのひらめきにしても、先人たちが積み重ねてきた研究があるから生まれたものであって、何もないとこ

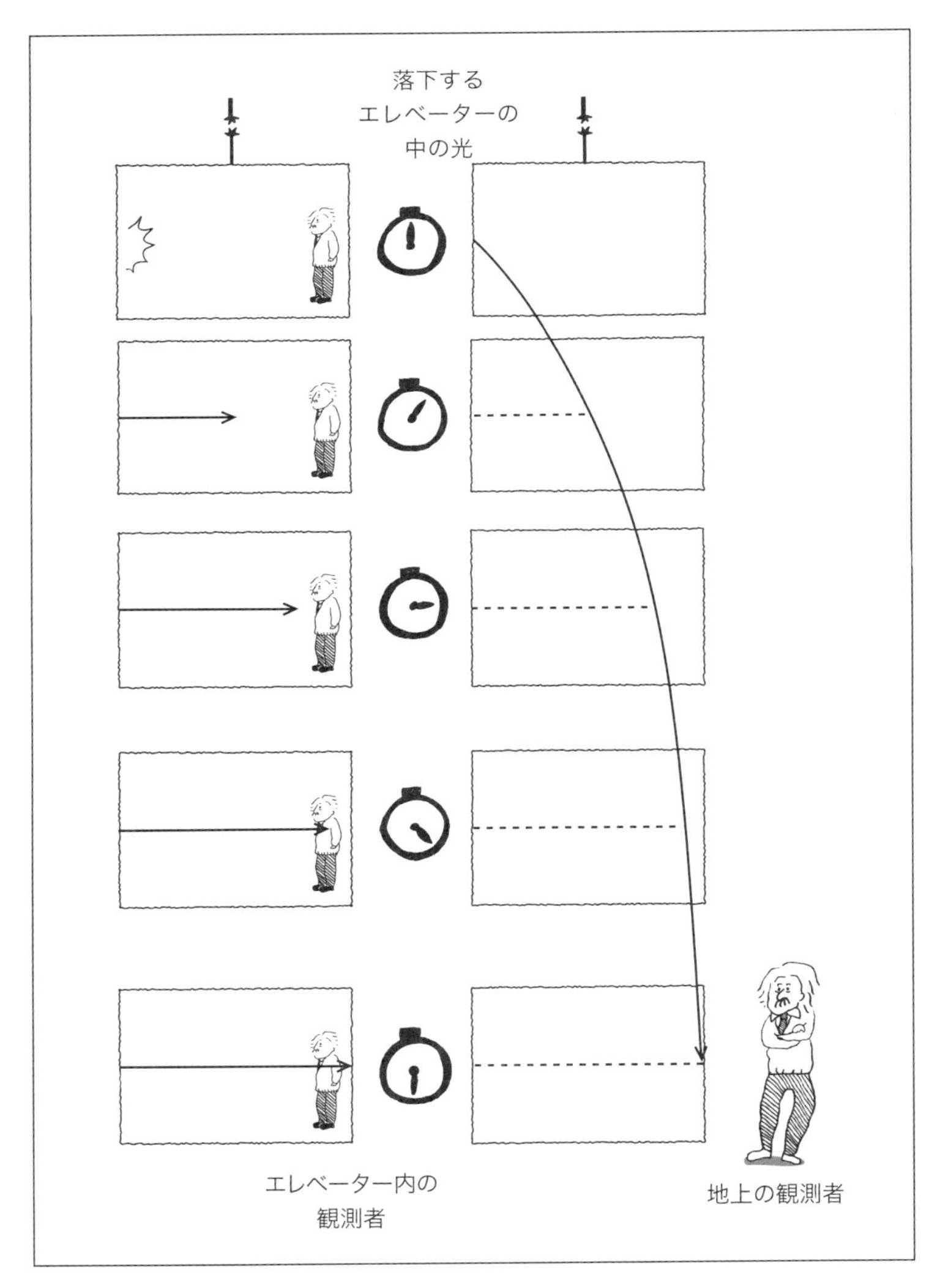

アインシュタイン人生で最高の思いつき
自由落下しているエレベーターの壁から向かい合う壁に光を放つと、地上から見ている観測者にとって光は曲がりながら進んで見える。加速度運動しているときに働く慣性力と重力は区別できないので、重力も光を曲げることになる。

ろからの思いつきだけで大発見をしたわけではありません。

黒田 計算だけではなく、理系の世界では実験なんかも同じことをコツコツと何度もやらなきゃなりませんよね。たとえば考古学だったら、いちばん古い土器や石器をひとつ発掘すれば「新発見」になりますけど、物理学の発見は確率を上げないといけないので、データをたくさん集めないとダメ。

加藤 ヒッグス粒子も、ひとつ見つけて「あった、あった」という話じゃないですもんね。加速器で何年もかけて同じ実験を繰り返して、それがヒッグス粒子である確率が99・9999パーセント以上になったところで、ようやく「発見した」と言えるそうです。

黒田 確率99・7パーセントでも「発見」ではなく「存在する兆候がある」としか言えないとか、厳しいルールがあるんですよね。そういう面では、本当に地道な世界だと思います。

加藤 高校物理の勉強だって、地道なものですよね。文系だけじゃなく、物理だって式をたくさん覚えて、同じような問題を何度も何度もやることで身につくわけで。

黒田 楽器の練習と似たようなものかもしれませんよね。音楽もひらめきは大事だろうけど、基本から始めて何年も地道に反復練習しないと何も演奏できないでしょ？

加藤 たしかに。たぶん、スポーツや美術だって同じですよね。どんな分野も、ひらめきとコツコツの両方が必要なんだと思う。もちろん文系の学問だってひらめきがなきゃ新しい発見はできないんだろうし。

黒田 きっと、「理系は難しい」「頭が良くないと無理」と思ってる人は、ただの食わず嫌いなんじゃないかな。コツコツやってみれば面白さがわかるはずだと思うんです。前に話したとおり、私も中学時代に簡単な練習問題をたくさんやって、１００点を取らせてもらうことで、学校の理科に自信がつきましたし。

加藤 でも文系の人に聞くと、数学にしても物理にしても、中学から高校に上がったとたんに急に難しくなるので、そこでイヤになっちゃうケースが多いみたいです。

黒田 とくに物理って、小中学校ではほとんどやりませんからね。小学校では理科というとほとんど生物と地学だし、中学では生物と化学が中心だから、物理は埋もれちゃってるんです。

加藤 そういえば、中学で物理をやった気がしない。

黒田 式や計算はほとんど出てこなくて、たとえばジェットコースターを例にしながら、「ここでは位置エネルギー」とか、「こうなったら運動エネルギー」とか、言葉の意味を覚えるような内容なんです。

数学でマイナスを習ったときに覚えた感動

加藤 だとしたら、たしかに高校物理で急に難しくなったと感じてもしょうがないですね。いっそのこと、小学校から式の出てくる物理を教えちゃえばいいのに。掛け算はできるんだし、進んだ距離と時間から速度を出すような計算も算数の問題でやるんですよね？ それなら、「F=ma」もやれるんじゃないかなぁ。

黒田 記号の出てくる式は難しいでしょうけど、加速度と距離の関係を示す実験なんかは、小学生でも「へぇ」と思うかもしれないですね。シルビアさんが高校のときに「つまらない」と思ったやつですけど(笑)。

加藤 うんうん、むしろ小学生のほうが面白がるような気がしますよ。「そうか、スピードがどんどん速くなると、進む距離がこういうふうに長くなるのか」って。その感覚がわかっていれば、中学で「F=ma」を理解できるような気がします。そういう物理的な自然現象の面白さを知らないまま、いきなり高校でなじみのない式を覚えさせるから、なんとなく拒絶反応を示しちゃう人が多いんじゃないかと思う。

黒田 やっぱり、早いうちに「へぇ〜！」という感動がないとダメですよね。

加藤 そう思いますね。たとえば私は数学が得意じゃないけど、中学校で「マイナス」の数字が出てきたときにものすごく感動した覚えがあるんですよ。「3から5が引けるんだ！」って思いませんでした？（笑）

黒田 わかります、わかります。

加藤 なんだか、そこに知らなかった世界が広がってるような驚きがあるじゃないですか。いきなり世界が2倍になったような感覚。さらに、マイナスとマイナスの掛け算がプラスになることを知って、ますます感動したり。

黒田 そうやって面白がる気持ちは大事ですよね。そこでつまずいちゃう人もいるけど。

加藤 マイナスが出てくると、急に抽象的な感じになりますからね。「リンゴ2個とミカン3個を足すと何個？」みたいな世界ではなくなっちゃう。私も最初はわけがわからなくて、「−2−3＝1」とか答えてた（笑）。マイナスの数字からマイナスするってどういうことなのか、すぐにはわからなかったですね。でも物理のほうは目に見える具体的な世界を扱うんだから、数学よりもある意味ではわかりやすいんじゃないかな。高校生より中学生のほうが柔軟そうだから、「F＝ma」にもけっこう感動できると思うんですけど。

黒田 たしかに、物理の数式にはもう少し早くなじんだほうがいいかもしれないですね。中学の理科だと、食塩水の濃度を計算する問題はやたらとやったような記憶があるけど、物理はなかったです。宇宙に関わることも、星や月の動きを教わるぐらいで。

理科室に行く楽しさ

加藤 中学の理科では、そういう現象の観察みたいなことだけじゃなくて、もっと本質的な原理や法則を教えてもいいような気がしますね。まあ、カリキュラムの量にも限界があるから難しいんでしょうけど。

黒田 そうですね。前にシルビアさんが「ブラックボックスの中の原理を知りたかった」とおっしゃいましたけど、そういう興味を持つのが科学の楽しさだと思います。

加藤 小学校のときは、みんな理科の実験になると楽しそうにしてたと思うんですよね。理科室に移動すること自体がちょっとワクワクするから。

黒田 たしかに、図工や音楽も別の教室でやるから少し浮かれますよね（笑）。

加藤 教室での授業はそんなに面白くないんだけど、理科室に行くと、ガスバーナーとかふだん使えない器具を使えちゃったりするじゃないですか。ああいう楽しさと、原理を知る喜びみたいなものをうまくつなげることができれば、理系離れを食い止められるかもしれない。

黒田 うん。楽しかったですよ、小学校の理科は。

加藤 白い紙とアルミホイルと黒い紙は、どれがいちばん温かくなるでしょう、とかね。

黒田 ありましたねー（笑）。

加藤 光合成*の実験も楽しかった。「日陰に置いた植物と日なたに置いた植物で、何か変化はあるでしょうか」みたいなやつ。

黒田 葉っぱにワセリンを塗るのも面白かったです。

加藤 呼吸できなくするんだから、ちょっと残酷な実験だけどね（笑）。教室でほかの教科の勉強するより、私は何十倍も面白かった。社会は本当に苦手で、テストで0点取ったこともありますよ私。「四国の県名を全部書きなさい」みたいな、すごく簡単な小テスト。人生で初めて、返ってきた答案を親に隠しましたよ。

黒田 そんなに社会が苦手だったんですか（笑）。そのままだと、TBSに入社できないような……。

加藤 ははは。そりゃあ、いまは一般常識として必要だってわかりますけど、子どもの頃は本当に興味がなくて、「なんで埼玉県出身なのに四国の名前覚えなきゃいけないの？」とか思ってました。四国のみなさんごめんなさい。

黒田 まあ、興味がないんじゃ仕方ないですよね。理科だって、シルビアさんや私は実験室

*光合成
緑色植物が光のエネルギーを用いて、水と二酸化炭素から炭水化物を合成する過程。その際に二酸化炭素と同容量の酸素を放出する。大気中の酸素の大部分は、光合成によって作られたものと考えられている。

に行くのが楽しかったけど、「なんでオレが植物の変化とか調べなきゃいけないんだよ」と思ってた子もいるんでしょうし（笑）。

加藤 そりゃそうだよね。全員が理科に興味を持たなくてもいいんだから。問題は、小学生や中学生までは理科に興味があったのに、高校で「物理は難しい」になっちゃう人が多いこと。これはもったいないです。

ここでやめたら一生やれない気がして物理学科を選択

黒田 とくに女子は理系に進む割合が少ないですよね。数年前のある調査を見ると、文理のコース選択で理系を選ぶ男子は48・5パーセントなのに対して、女子は28・6パーセント。3人にひとりもいません。私が通っていた高校は理系に進む子が多くて、同級生の男子は理系131人、文系58人、女子も文系89人、理系80人だったので、自分がそんなに珍しい存在だとは思ってなかったんですけど。

加藤 大学も女子ばかりだから、社会に出てから気づいた感じ？

黒田 そうですね。とりわけ芸能界は理系そのものが少数派ですし。

加藤 私が通っていたのは文系大学の付属校で、生徒の大多数はそのまま上の大学に進むから、高校時代から圧倒的に少数派でした。6クラスのうち理系クラスはひとつだけ。

黒田 文系を選ぼうとは全然思わなかったんですか？

加藤 うちは両親とも英文科だから、環境的には理系に進む感じではないんだけど、なんとなく、語学とかの勉強は、その道のプロになりたいわけじゃなかったし、「大学を出てからでもやれそうだな」と思っちゃったんですよね。もちろん、語学の勉強も早いに越したことはないんですけど。でも理系の勉強は、いましかできないような気がした。だって、いったん離れたら二度とやらなくなりそうじゃないですか？

黒田 そうですね。接点がなくなりそうな気はします。

加藤 でしょ？　ここでやめたら、物理学の世界とは一生クロスしないまま終わるだろうな、と思ったんです。だったら大学の4年間はそっちをやったほうが面白いんじゃないかと。まあ、実際は最近になって量子力学の問題集とか開いてるぐらいだから（笑）、やろうと思えばできるのかもしれないけど、高校で離れていたらそうはならないかも。

黒田 それで学部を卒業してから文系の大学院に行かれたんですね。

加藤 そんなコースを選ぶ人はあんまりいないでしょうけど。それにしても、どうして女子は男子より理系を選ぶ人は少ないんでしょうね。女性が不向きなんてことはないと思うし。

黒田 それこそ理科の実験だって、女子のほうが真面目に取り組んでましたよね。

加藤 どうしてそれが高校の3年間で離れちゃうのかな。
黒田「この人みたいになりたい！」と憧れるような理系女性が少ないのもあるんでしょうかね。日本人はノーベル物理学賞や化学賞をいくつも受賞してるけど、みんな男性ですし。

ボンドガールとキュリー夫人に憧れて

加藤 実在の人物じゃないけど、私は『007 ゴールデンアイ』[*]のボンドガールを見て「かっこいい！」と思った。
黒田 理系なんですか？
加藤 コンピュータ技術士なんですよ。いつも「自分はダメだダメだ」と思ってる自信のない人なんだけど、ジェームズ・ボンドが大変な窮地に陥ったとき、ものすごいプログラミング能力を発揮して、危機から救うのね。そのとき彼女がコンピュータのキーボードを打つ姿がかっこよくて（笑）。手に職をつけてる感じがするじゃないですか。だから最初はシステムエンジニアになりたかった。でも数学より物理の成績が伸びたので、「これはこれで宇宙飛行士になれるかもしれないし」と思って物理学科にしたんだけど。
黒田 宇宙飛行士の世界は日本人女性が活躍してるから、これからは憧れる女子が増えるか

*『007 ゴールデンアイ』 スパイ映画「007」シリーズの第17作。監督はマーティン・キャンベル。ソ連時代の秘密兵器「ゴールデンアイ」をめぐって、イギリスの諜報機関MI-6に所属する主人公のジェームズ・ボンドと犯罪組織「ヤヌス」が対決する。主演はボンド役を初めて演じたピアース・ブロスナン。ボンドガールのナターリア役はイザベラ・スコルプコ。1995年に公開。

もしれないですね。私は小さい頃に読んだキュリー夫人の伝記にかなり影響を受けました。

加藤 やっぱりノーベル賞方面が気になるんですね。

黒田 物理学賞と化学賞をどっちも受賞してるんだから、すごい女性だと思います。でも子どもの頃はノーベル賞の意味なんかよくわかんないじゃないですか。それより、何かひとつのことに没頭して生きる姿や、ひたすら研究を突き詰めていく生き方が「かっこいい！」と思ったんでしょうね。親に「有彩ちゃんはどこの大学に行くの？」と聞かれて「ソルボンヌ大学！」*と答えるぐらい憧れてました（笑）。

加藤 勉強をコツコツと積み重ねながら、何かを成し遂げようと努力するのはかっこいいですよね。理系の世界には、そういう偉人がたくさんいるはず。

黒田 子どもの頃からの夢を大人になってからも追い続ける人が、理系は多いんじゃないかと思います。

加藤 自然科学が立ち向かっている問題は、子どもの素朴な疑問と一致することが多いから、そうなりやすいんでしょうね。それこそ「宇宙はどうやって生まれたの？」なんて、多くの子どもが一度は抱く疑問だけど、いまだに解明されていないわけだし、原始重力波や暗黒物質などの最先端のテーマもその素朴な疑問と関わってくる。それに対して、いま最先端の経済学者が解決しようとしている問題は、直感的にはわかりづらいかもしれませんね。

*ソルボンヌ大学
パリ大学改編前の文・理学部および大学本部の通称。1970年の改編後は、パリ第1（社会科学系学部）、第3、第4大学（共に文学と語学系学部）はこの名を冠している。1257年に神学部用の学寮を設立したロベール・ドゥ・ソルボンの名にちなむ。

キュリー夫人
ポーランド生まれのフランスの物理学者（1867 〜 1934）。夫のピエール・キュリーとラジウム、ポロニウムを発見。1903年ノーベル物理学賞、1911年ノーベル化学賞を受賞。放射性物質の量を表す単位のキュリーは夫妻の名前にちなむ。

黒田 ただ、そういう子どもの頃からの疑問を追いかけようとしなくなる人も多い。

加藤 でも、お嫁さんになって家庭に入ることが将来の夢という女性でも、「たしなむ程度に物理をお勉強しておこう」って思ってた子も大学にはいましたよね。

黒田 たしかに。

加藤 「物理を学ぶ」ということを大きくとらえすぎなくてもいいんです。少しでも物理に対する好奇心のタネが心の中にあるなーと思ったら、大学で学んでみてほしい。私には才能はありませんが、卒業はできました（笑）。

お父さんお母さん、理系女子の芽を摘まないで！

黒田 女の子が理系に進むことをネガティブに考える親御さんもまだいるだろうと思います。家庭の環境はかなり大事。

加藤 黒田家みたいにバンバン後押しする家庭はそんなにないかも（笑）。

黒田 でも、似たような家庭をこのあいだテレビで見ましたよ。小学生の女の子が、ガラスに濡れた紙が表面張力*でくっつくのを見て、「これを接着剤にできないだろうか」と考えたんですよ。

表面張力
液体の表面に働いている、表面積を最小限にしようとする張力のこと。表面の分子が内部から引っ張られることによって起こる。水滴やシャボン玉が丸くなるのは表面張力による。英語の surface tension の訳語。

加藤 おお、理系っぽいすばらしい着眼点。

黒田 ですよね。それで、自分で実験を始めたんです。まず、プラスチックのプレパラートが水でくっつきやすいのを発見して、それが一滴の水でどれぐらいの重さまで耐えられるかを調べてみた。その実験に、ご両親がめちゃめちゃ協力してたんです。ホームセンターに一緒に買い物に行って、道具を揃えたり。すごく楽しそうでした。

加藤 なるほど。「そんなの接着剤になんかなるわけないでしょ、何バカなこと言ってんの」とか言っちゃう親も中にはいるかもしれませんねー。

黒田 それを言っちゃったら、もうアウトですよ。科学には素朴な疑問が欠かせないのに、「そんなことを考えるのは無駄なんだ」と思っちゃうでしょうから。一緒に面白がって応援してあげる親御さんは素敵だなって思いました。

加藤 そこは伸び伸び育ててあげたいですよね。応援しなくても、せめて邪魔はしないで放っておくとか。黒田さんのお兄さんも、机の引き出しにヘンなものばかり集めてるのを放っておいてくれたから、理系の道に邁進(まいしん)できたんでしょうし(笑)。

黒田 それはそう思います(笑)。まあ、あの人は「やめろ」と言われてもやめなかったかもしれないけど、女の子は親に抵抗しない人も多いから。もしかしたら、小さい頃に理系の芽を摘まれてしまった女の子はたくさんいるのかもしれません。

加藤　そうですね。ただ、本格的に研究を続けられる人は、「やめろ」と言われてもやめられないぐらい好きな人が多いのかもしれない。良い結果が出るかどうかわからない仕事だから、どんなに熱心にコツコツと努力を続けても、日の目を見ないことが山ほどあるもんね。もちろん結果を出すために大きな目標を持ってやるんだけど、研究活動そのものに喜びを見いだせるのが理想かなぁ。それこそ重力波望遠鏡だって、いつ届くかわからない信号を見逃さないために、ひたすらノイズを減らす作業に没頭するんだもんね。研究が心から好きじゃないとできないですよ。

時代や地域を問わず普遍的に通用する武器

黒田　好きな人は、仕事にしなくても趣味みたいに研究しますよね。シルビアさんも息抜きに計算問題やってるぐらいだから、そういうタイプかもしれませんけど。

加藤　私のはただの遊びだけど、いったんその世界の面白さにハマったら、仕事だろうが趣味だろうが関係なくやっちゃうんだと思う。

黒田　インドには、大学の研究者でもなんでもなく、そのへんの地面にガリガリ計算式を書いてる人がいるそうです。まわりの人たちは意味がさっぱりわからなくて、「何やってんだこいつは」と変人扱いしてたんですが、あるとき誰かがその式を紙に写して、ヨーロッパの数学者に手紙で送ったんですって。そうしたら、「おい、これは誰が書いたんだ！」と大騒ぎになったそうです。ものすごい最先端の数学だったので、専門家たちは「なんでこれをどこでも教わらずに知ってるんだ」と驚いたとか。

加藤 インドおそるべし、ですね。さすがゼロを発見した国だわ。でも、そういう話を聞くと、理数系の学問は普遍的だなって思います。大学で教わらなくても、昔からずっと積み重ねられてきた原理が揺らがないから、市井の人でも能力さえあればその域に到達できるわけでしょ？　で、その数学は世界の誰が見ても同じように値打ちがある。これってすごいことだと思うんです。

黒田 どういうことですか？

加藤 うまく言えないんだけど、たとえば、一万円の価値を考えたときに、人類が作り上げた、文明の上に成り立つ「一万円札」を考えるのが文系で、同じ一万円の価値でも「一万円分の金塊」を考えるのが理系、というイメージがあります。金のほうが普遍的だけど、必要のない人も多いし、汎用性がない。一方でお札はみんなが必要で汎用性があるけど、そのときの状況により価値が変わる。

黒田 ああ、なんとなくわかります。

加藤 どちらが好きか、性に合うかは人それぞれだけど、日常生活にすぐに役に立たなくても普遍的なものを追い求めるほうに、やっぱりロマンを感じちゃいますね。

高校生には「迷ったら理系」をオススメしたい

黒田 物理や数学は、その原理や法則を導き出すまでの考え方のプロセスなんかも、いろいろ応用が利きますよね。

加藤 そうそう。物理学をやってると「変わり者」とか「考え方がふつうと違う」とか思われがちだけど、そんなことはない。自然現象を普遍的に説明しようとする学問なので、一般社会に通用しないどころか、むしろあらゆることを合理的に考えようとするわけじゃないですか。そこで培った考え方は、社会のどんな場面に出ていっても武器として使えると思いますよ。

黒田 それこそ、前にシルビアさんがおっしゃったように、エネルギー保存の法則ひとつ知っているだけでも、ニュースに対する反応が違ってきますもんね。社会問題について考えていく上でも、理系的な発想や知識は欠かせないと思います。

加藤 そうですよね。だから、将来どんな仕事をするにしても、絶対に損はしないと思う。

で、さっきも言ったように、理系の分野はいったん離れてしまうと、もう一度勉強するのが難しいんですよ、やっぱり。社会に出た後では、なかなか触れることができない世界だから。そう考えたら、いまの中高生たちには理系を強くオススメしたいなぁ。もちろん、「この外国語をマスターして生きていきたい」とか「弁護士になりたい」とか、自分の興味や目標がはっきりしてる人たちに、「それでも理系を選べ」なんて言いませんが、でも、どっちにしようか迷ってるんだったら、「理系に行けば?」と言いたい(笑)。

黒田 どうしても「理系は難しい」という先入観があるので、「迷ったら文系」という人が多いんでしょうね。でも、それって逆に文系を軽く見てるような気もします。

加藤 そうだよね。理系と聞くと「頭いいんですね」と言う人が時々いますが、たとえば国を動かしている官僚のみなさんは、文系の方が多いじゃないですか。どっちの分野だって、そりゃあ、頭のいい人もいればそうじゃない人もいるのが当たり前。むしろ、いくつかの法則や公式を理解すればいろんな問題に応用できる理系のほうが簡単とも言えるわけですから。

黒田 大学で理系の学部に進むと、卒業までの勉強が文系よりも大変だと思ってる人もけっこういます。まあ、私は文系の学部を知らないから比較はできないけど、文系の人が思ってるほど大変なことじゃないですよね。

加藤 それは私も入学したときはちょっと不安だったけどね。でも、思ったほどじゃなかったな。ちゃんと授業に出席して、いろいろ協力し合える友達がいれば（笑）、ふつうに卒業できますよね。

黒田 私も、在学中から芸能活動を始めていたから決して「楽勝だった」とは言いませんけど（笑）、苦労しながらもなんとかなりました。

加藤 たぶん、メディアで大学時代の話を書いたり喋ったりする人の多くが文系出身だから、「きっと理系学部は違うんだろう」と思われちゃうんじゃないかな。理系出身者があんまり情報発信をしないから、なんとなく謎のベールに包まれた感じになるような。

黒田 なるほど、知らないから「ちょっと怖い」と感じてしまって、「迷ったら文系」になるというのはあるかもしれません。

加藤 だとしたら、私たちみたいにメディアに出て仕事をしている理系出身者にも、それなりの役目はありますよね。もう物理学の最先端で役に立つことはあり得ないけど、この分野の魅力や意義みたいなことは伝えられるはず。この本をきっかけに、これからはそういうことも意識して仕事をしていきたいですね。

黒田 本当にそう思います。サイエンスのすばらしさや、それに従事している人たちのかっこよさを世の中に伝える懸け橋みたいなタレントになれればいいな。今回、シルビアさんとこうしてお話ができて、そんな気持ちがますます強まりました。どうもありがとうございました。

加藤 こちらこそ。楽しかったですね。いつか一緒にテレビの取材で宇宙に行けたらいいですね（笑）。

黒田 それはもう、ぜひお願いします！

あとがき

今回、この本を作るにあたってまず私がしたことは、社会人になって忘れかけていた物理の基本を思い出すという作業でした。高校物理の教科書に載っているような内容を復習して、自分の心にもう一度じわりと浸透させてみました。

それから、黒田さんと一緒に、物理や宇宙について考えることの楽しさを思い出したり、F＝ma の美しさについて思いをめぐらしたりする過程で、本当にたくさんの発見がありました。宇宙や物理の先端理論について理解するのは大変な面もありましたが、とても面白い時間を過ごすことができました。

現在、私はアナウンサーという文系寄りの仕事をしていますが、自分のことをもともとかなりリケジョだと思っていました。でも、結局それほどでもなかったようです。黒田さんを見ていると、「上には上がいるんだなぁ」「真からもともと理系の人がいるんだなぁ」とあらためて思い知らされます。

黒田さんって本当に天然リケジョですよね。とっても理論的な部分もあるのに、「月に人間は行っていないはず」「自分は戻ってこられなくていいから宇宙の果てまで行きたい」とか、理性に対して気持ちが矛盾しているところがあって面白い。それって、ある意味、「真の理系」なのかもしれません。

ただ、自分は理系としてまだまだだなぁ、と思う半面、これからでも全然間に合うはず、とも思っています。忙しい毎日ですが、今後も宇宙や物理のことは自分なりに勉強して本質にせまりたいと考えています。そして、機会があればどんどんみんなにも伝えていこうと思っています。

この本は、自分と同世代や年配の方はもちろんですが、やはり若い人たちにも読んでもらいたいです。大学入学前やちょっと物理や宇宙に興味があるけれど、進路に迷っている人、物理を選択科目として選んでもいいかなと考えている人たちに、ぜひ手に取ってもらえればうれしいです。

物理ってちょっと難しそうだと思っていたけれど、隣にいそうな女の子が、ちょっとした興味で始めて、大学の物理学科に入って卒業できるものなんだ、ということをわかってほしいです。もちろん、努力が必要なこともあるし、簡単なことだけではないですが、物理というのは、結局、人間のおおもとを探求する分野ですから、多かれ少なかれ誰でも絶対興味があるはずです。難しい式などわからないことがあっても、きっと続けていれば真理に近づける世界のはずなのです。とにかく、「自分たちはどこから来たんだろう」「映像で見ている宇宙の正体って何なんだろう」って思っている方には、おすすめの学問です。

最後になりますが、これまで高校や大学で物理を教えてくれた先生や先輩方に、この場を借りて感謝したいと思います。それから、ＴＢＳ社内に、そして日本全国に、「宇宙女子」「宇宙男子」の数が増えることを心から願っています。

２０１５年１月

加藤シルビア

ブックデザイン　大竹左紀斗
図版イラスト　丸岡葉月
編集・執筆協力　岡田仁志
編集協力　村沢 譲
協力　ＴＢＳテレビ ライセンス事業部
ソニー・ミュージック アーティスツ

宇宙女子（うちゅうじょし）

2015年1月31日第1刷発行

著　者　加藤（かとう）シルビア　黒田有彩（くろだありさ）

発行者　舘 孝太郎

発行所　株式会社集英社インターナショナル
〒101-8050　東京都千代田区一ツ橋2-5-10
☎出版部 03-5211-2632

発売所　株式会社集英社
〒101-8050　東京都千代田区一ツ橋2-5-10
☎読者係 03-3230-6080
☎販売部 03-3230-6393（書店専用）

印刷所　大日本印刷株式会社

製本所　加藤製本株式会社

定価はカバーに表示してあります。
 ISBN978-4-7976-7283-1 C0040